その道のプロに聞く
生きものの持ちかた

生きものカメラマン
松橋利光

大和書房

はじめに

　たとえ長年かわいがってきた「ペット」でも、体調が悪ければ噛みついてくることがある。身近な「トカゲ」をいつもの手順でつかまえようとしても、想定外の身のこなしで、あらぬ方向から攻撃に転じられることもある。毒を持つと恐れられている「蟲（むし）たち」でも、敵と感じさせなければ攻撃してこない。図鑑にはおとなしいと書いてある「ある種のヘビ」も持ちかたが悪ければ噛みついてくることもある……などなど。

　種類としてだけでなく、その個体特有のクセがあるのだ。あなたにどんなに経験があっても、どんなに度胸があっても、どんなにやさしくても、どんなに知識があっても、対峙しているのはその種類の生きものではなくその個体なのだ！

　生きものの体の構造、性質、運動能力はもちろんのこと姿勢、音、ニオイ、殺気などの今、目の前でおこっているすべての情報を集め、行動を予測をすることが重要なのだ。

　「自分の身の安全をしっかり保ちつつ、生きものを少しも傷つけることなくスマートに持つ」持ちかたというのは、生きものと共存している人間にとって永遠のテーマである……。

生きものカメラマン　松橋利光

この本の使いかた

この本は、つねに生きものに接している、
それぞれの分野の専門家が自分の経験から生きものを
無駄に傷つけず、持つ人間もケガしないで、
どのように持つべきかを考察し、
実践した、持ちかたの専門書です。

あなたが初心者なら

まずはこの本を、最初から最後まで、すべて読んでください。その中から、自分が今までに出会ったことがある生きものが登場する項目に、なにか目印をつけて、繰り返しよく読み、持ちかたを覚えます。これで、もし、またその生きものに出会ったら。きっとあなたは抵抗なく、その生きものに挑むことができるでしょう。初めて出会う生きものにも対応できるように、日頃からこの本を持ち歩くことをおすすめします。

あなたが経験者なら

やはり、まずは興味あるなしを問わず、最初から最後まですべてを読みましょう。そして、すべての生きものの持ちかたがおおよそ頭に入ったら、今までの自分の持ちかたとの違いを考えます。初めて持つ生きものについては、この本にある持ちかたを素直に受け入れましょう。そして、今までの持ちかたとこの本の持ちかた、どちらが自分に合うか、どちらが生きものにとって、自分にとって安全かを、実際に試してみましょう。結果、持ちやすいほうがあなたにとっての正解です。今までのやりかたにも、この本にも、縛られる必要はないのです。持ちかたはあなたの歩んで来た道であって、人に左右されるべきものではないのですから……。

あなたが「誰がなんといっても 生きものは持たない主義」なら

それでもやはり、まずは最初から最後まですべてを読み、この本を自分のバッグに入れましょう。そして、もしも歩いていて、生きものを捕まえるのに苦慮している人に出会ったなら、この本をすすめるのです。これで、持てないあなただって、生きものの持ちかたの伝道師です！

1 身近な生きもの

生きものカメラマン松橋はこう持つ！

- 2 はじめに
- 4 この本の使いかた

- カブトムシ —— 12
- クワガタ —— 14
- カミキリムシ —— 16
- バッタ —— 18
- カマキリ —— 21
- トンボ —— 22
- チョウ —— 24
- 水生昆虫 —— 26
- ザリガニ —— 28
- カニ —— 30
- カタツムリとナメクジ —— 32
- カエル —— 34
- トカゲ —— 36
- ヘビ —— 38

Column
- 40 野外で出会った生きものを持つ前に

その道のプロに聞く
生きものの持ちかた
もくじ

2 虫、蟲、珍ペット

総合ペットショップオーナー後藤はこう持つ！

- サソリ ———— 46
- タランチュラ ———— 48
- 大型カブトムシ ———— 50
- 大型クワガタ ———— 52
- ゴキブリとヤスデ ———— 54
- チンチラ ———— 56
- シマリス ———— 58
- フクロモモンガ ———— 60
- ハムスター ———— 62
- パンダマウス ———— 64
- ニワトリとヒヨコ ———— 66

Column
- 68　カブトムシに離してもらう方法
- 69　怒ったクワガタを簡単にプラケから出す方法

3 ペット、どうぶつ

いろんな生きものを診る獣医師田向はこう持つ！

イヌ ——— 74
ネコ ——— 76
フェレット ——— 78
ウサギ ——— 80
セキセイインコ ——— 82
オオコノハズク ——— 84
プレーリードッグ ——— 86
ハリネズミ ——— 88

Column
90 いろいろな爪切り
92 これが俺の真骨頂 ホールド魂

は虫類専門店オーナー山田はこう持つ！
は虫類

- オオトカゲ ———— 96
- 中型のトカゲ ———— 98
- ヒョウモントカゲモドキ ———— 100
- トッケイヤモリ ———— 102
- 中型で無毒のヘビ ———— 104
- アシナシトカゲ ———— 108
- ナガクビガメ ———— 110
- スッポン ———— 112

Column
114　応用編　危険生物！

118　おわりに
120　この本に登場する生きものたち
125　その道のプロたちのお店、動物病院、動物園

1 生きものカメラマン
松橋 はこう持つ！

今の小学生って、すすんで生きものを持つってことが少ないよね。
まあそりゃあ、子どもの頃から
自然や生きものを身近に感じていない世代が親になり、
子どもにも「危ないから触っちゃダメ！」と教えるんだから仕方ないけど。
でも、それはなんかとても寂しいよね。
これから登場する生きもののプロのように、
何でも持てたらいいとは言わないけど、
せめて身近な生きものくらい持ててもいいんじゃないかな？
というわけで、まずは身近な生きものの
持ちかたをマスターしてもらおうかな。

Profile
松橋利光

水族館勤務ののち、生きものカメラマンに転身。水辺の生きものなど、野生生物や水族館、動物園の生きもの、変わったペット動物などを撮影し、おもに児童書を作っている。

身近な生きもの

カブトムシ

小さなツノをおさえる！

身近な生きもの

大きなツノは一見
持ちやすそうだけど、
稼働するので不向き！

足は木に登るため
爪がしっかり
しているので注意！

この小さなツノが
カブトムシの
持つところ

はねの横を
持ってもいいが滑る

DATA
体長　5cm
よくいる場所
6-9月、樹液の出ている木、夜明かりに誘われて網戸に飛んでくることも多い。飼育も簡単で、すぐに卵を産むので飼育観察に向いている

昆 虫同士を戦わせる不思議なイベントがあるけど、コーカサスオオカブトなど、大柄の外国戦士が目立つなかで、日本のカブトムシは結構強い。外国戦士相手に小柄ながら粘る姿を見て、多くの子どもが日本のカブトムシを応援するなど、子どもなりにナショナリズムをくすぐる存在でもあるようだ。

それはカブトムシが大きな森でなくても、都心の公園など、環境さえあえば普通に見ることができ、夜、自宅の網戸に飛んできたり（メスが多いけど）、街灯のまわりで見られたり、キャンプ場ではランタンに飛んできたりと、男子ならだれでも飼ったことがある身近な存在だからだろう。

まあ、ツノがあるカブトムシは持つところがついているから誰でも持てるだろうって？　じゃ、ツノがないメスはどうする？

How to hold

メスは持つところがないので羽の横を持つ

じゃあメスはこうしてみよう

ぱっと見て、誰でもわかる持つところ「小さいほうのツノ」。大きいほうは頭部から生えていて戦いなどに使うので大きく動くけど、小さいツノは前胸に固定されているから持ちやすい。ではツノの生えていないメスはどうしよう？　そう、メスはとても持ちにくいのだ。基本としては羽の横をおさえるのだが滑りやすいし、結構暴れる。そんなときは腹の下と羽の上をおさえることも1つの方法。爪に引っかかれて痛いけど、滑って落ちちゃうのは防げるよ。

クワガタ

「目の横」に狙いを定める

身近な生きもの

まるでスポーツカーのようなセクシーなフォルム、すぐに威嚇してくる攻撃的な性格。カブトムシは在来種として日本に4種類しかいないのに対し、クワガタは亜種を除いても48種類もいる。森で、大人が本気で探せば5種類くらいは採れるというコレクション性もある。男のロマンがつまったような甲虫で、大人も子どももクワガタに夢中なんだ。そんなもっともセクシーな甲虫だからこそ、ここはカッコよくクールに持ちたいもんだな。さあ、どう持つ？

How to hold

ノコギリクワガタ

大きなアゴに注意

前胸、目の横のあたりが一番持ちやすい

はねの横を持ってもいいが滑る

DATA

体長 雌3cm 雄6cm
よくいる場所
6-9月頃樹液の出ている木にいることが多く夜の街灯でも見る。夜明かりに誘われて網戸に飛んで来たりもする

オオクワガタ

オオクワガタのアゴは短くて力があるのではさまれるとすごく痛い!

How to hold

アゴに気をつけて両サイドを

クワガタはどの種類も持ちかたはだいたい一緒。基本は、後ろから前胸や頭部を両サイドから指でつまみます。もしも、かんかんに怒って威嚇姿勢を崩さないときは、前から同じように前胸や頭部をおさえてもよし。状況によっては大アゴを持っちゃうなんて方法もありますが、外国の大型種のように長く大きなアゴではないので、おすすめできません。

羽の横から前胸のあたりで持ちやすそうなところを持つ

バルタン星人じゃないよ!

DATA

体長 雌4cm 雄7cm
よくいる場所
6-9月頃、樹の隙間などに隠れていて見つけるのは難しい

大きくなればなるほど爪が鋭く、刺さると痛い

カミキリムシ

羽の両サイドを指で挟め！

身近な生きもの

大きくても小さくても

カミキリムシの体はなんだか少し滑るし、前胸にトゲがある種類もいるから、前胸を持つのは全てには対応できない。羽の両サイドを指ではさむようにして持ってしまおう。これなら噛みつかれることもなく安全で、小さなカミキリムシから大きなカミキリムシまで持てる。シロスジカミキリなどは、いやがってギシギシと大きな音を出すが、単なる威嚇なのでビビって手を滑らせないように気をつけよう。

How to hold

ここにトゲがあり、誤って持つと結構痛い

硬い羽を横から持つ。滑るので、暴れたら無理せず離そう！

サングラスでもかけているような目、大きな牙、シャープな体型……。かっこいい！ とにかくかっこいい！ そんな、かっこよすぎる甲虫カミキリムシは森林公園や人里、夜の街灯などでも普通に見ることができるので、出会う機会もあるだろう。でも、大きいものから小さいものまでいろいろな種類がいるし、よく見るとスゲェ牙だし、トゲトゲしているし、すぐ飛ぼうとするし、結構捕まえにくいぞ！ どうする？

DATA
体長　6cm
よくいる場所
6-8月暑い日に玄関の街灯などに飛んでくる

横から

かっこいいサングラス顔。このサングラスはたくさんの目が集まった複眼。

裏から

この短く鋭いアゴ（牙）にはさまれるとすごく痛い。

このアゴには噛まれたくないな

バッタ

胸の「硬い」部分の横を！

身近な生きもの

DATA
体長　雄5cm　雌9cm
よくいる場所
7-11月広い草むらや河原にいる

How to hold

ショウリョウバッタ

このあたりが硬いので胸の横を持つ

長い足でキックを繰り出してきて、意外と痛い！

基本は前胸

バッタの体で一番硬いところは羽の付け根、前胸のあたり。基本はその前胸の横を指でつまみます。親指と人差し指で力を入れすぎないように、絶妙な力加減で持ちましょう。ショウリョウバッタやイナゴなど、大きめのバッタ類に有効です。

草 むらや河原、庭や公園などさまざまな場所にいるバッタやキリギリス、コオロギの仲間。いろいろな種類の奴がいて、ついつい手が出ちゃいますが……。持つところを間違えると、噛んできたり、後ろ足がとれちゃったり、トゲトゲしてて痛かったり、結構厄介な連中です。

網などで捕まえたら、網の隅っこに追いやって、どこを持つか見定めてから持とう。

このあたりは硬いけど、首がぐるっと動くので持つには不向き

足の関節のあたりを持つといい♪

How to hold

実は肉食なので噛まれるとすごく痛い

ヒガシキリギリス

禁断の足持ち

本当は足を持つととれてしまうなどリスクが伴うので、やってはいけないのですが！ キリギリスなど、どこを持ったらいいか判断しにくい場合は、両方の足をそろえて持ちます。キリギリスの仲間など、噛まれやすく、どこを持ったらいいかわからないものに有効ですが、どんなバッタにも使えます。

DATA
体長 3.5cmくらい
よくいる場所
7-10月頃河原や草むらでしっかりした草の上に止まって鳴いている

この際、手のひらでいっちゃえ

さらに持ちにくいのがエンマコオロギ……。いや〜な感じで噛んでくるし、足はトゲトゲで痛くて短めだから持てないし、体がぶにぶに柔らかいから、なんか気持ち悪くてつまみにくいし、持つという意味においては最悪ですよ。この際、ガッとつかんで手のひらで自由にさせちゃうのが一番です。

足にはトゲが多くて、無理に持つと結構痛い

エンマコオロギ

DATA
体長　3cmくらい
よくいる場所
8-11月頃、茂みや落ち葉の下などに潜っていることが多い

合わせ技

足だけ持ったら、くるくる動いてとれちゃいそうだし、体が小さくて足が細いから持ちにくいなど、どう持つか迷ったら、足をおさえつつ羽を持つという合わせ技で攻めましょう。これなら身動きがとれず、無駄に抵抗できないから安心。弱々しいツユムシやササキリ、絶対噛んでくるクビキリギスにも使えます。

身近なバッタやキリギリスの中でもっとも大きな牙！

クビキリギス

足の関節と羽をうまくはさみこむ

DATA
体長　5cmくらい
よくいる場所
4-7月、9-11月頃、河原や田んぼの草むらにいる

カマキリ

草むらのチンピラには油断は禁物

身近な生きもの

草むらのチンピラ的存在? カマキリ。全体の洗練されたフォルムのかっこよさと威嚇姿勢をとったときの少し目がいっちゃっている感じが魅力。相対したときに……こいつが猫ぐらいの大きさだったら勝てないんじゃないかとか、人ぐらい大きければ世界征服も夢じゃないんじゃないかとか、いろいろ想像してしまうのです。
さあ勝負だ!

DATA

体長 8cmくらい
よくいる場所 7-11月頃に庭や田んぼなどの草むらでよく見る

> 細い胸を持つときに、この関節も同時に持つと、すべての攻撃を防げる

> 関節が柔らかいので、こうやって小さい抵抗をしてくる。これが結構痛い!

チョウセンカマキリ

関節を決める

カマキリは手の動きにあわせて俊敏にカマで攻撃してくるので、ボクサーが相手のパンチをかわすように、フェイントやスウェーやウィービングを駆使し、カマを上手くかわしながら後ろから胸(細いところ)をつまむ。やや厄介なのが、カマの部分の関節が結構柔らかくて、持つ場所を間違うとカマが届くところ。カマの付け根あたりを持てば、カマも届きにくく、噛まれることもありません。

How to hold

トンボ
羽をそろえて丁寧に

身近な生きもの

トンボといえば誰でも試したことのある、目の前でくるくるっと指をまわして捕まえる方法……。うまくいった人ってどれくらいいるのかな?

それよりもその距離まで近づけたならゆっくり下から背後にかけて手を伸ばし、目線を見つつ、斜め前や斜め下からズバーッと目にも留まらぬ速さで手のひらのなかに! という方法が一番有効ですよ。捕まえたら素早く正しい持ちかたに持ち替えないと、噛まれますけどね。

ハラビロトンボ

クロススジギンヤンマ

羽を大切に

トンボはかわいい顔しているので、あまり気づかれていないかもしれませんが、立派な肉食昆虫！ 噛まれたら、それなりに痛いので、噛まれないように羽をおさえます。網や素手で捕まえたら、さっと羽をそろえてあげて人差し指と中指の間ではさみます。これなら噛まれないし、羽も傷めることがありません。

How to hold

- ウスバキトンボ
- オニヤンマ
- コノシメトンボ
- モートンイトトンボ

チョウ

あの「粉」がすごい大事なんだよ！

身近な生きもの

色 鮮やかなきれいな羽で、フワフワと飛ぶもんだから、簡単に捕まえられそうと思うでしょ〜。でも実は、あのフワフワが、なかなかのくせ者！

狙い澄ました網をふわりとよけて飛び去っていきます。意外と網使いに慣れが必要だ……。

持つのに何がいやって、あの「粉」でしょう。でもね、粉の正体「鱗粉(りんぷん)」は模様を作るだけじゃなくて、たとえば蜘蛛の巣にかかったとき、鱗粉だけはがれて逃げられたりってこともあるし、少しの雨でも水をはじくから飛び続けられたりってこともある、大切なものなんだ。

捕まえたあと、標本にするにしても、放してあげるにしても、ちゃんと鱗粉がとれにくい、この持ちかたで持たなきゃダメだよ！

キアゲハ

ナミアゲハ

水生昆虫

とにかく刺されないように！

身近な生きもの

水生昆虫ってあまり見ない希少な生きものになりつつあって、大切にしなきゃいけない感じだし。でも口を差しこんで体液を吸うタイプの連中に、手でも刺されたらすんごく痛いし……。どう持とうかちょっと迷う〜。

やさしくが基本

とにかく口で刺されたくないので、人差し指と親指で持ちやすいところをつまむのが基本。タガメは羽も体も硬めで頑丈なので、普通に横から持って大丈夫。タイコウチは平たいので、上と下から挟むように持つのがよく、コオイムシなども同じ持ちかたがオススメです。ミズカマキリもつまむのは同じですが、細いので力が入りすぎないように気をつけて持とう。マツモムシは小さくて持ちにくいので、無理に手で持たず網などを使いましょう。どの種類もやさしく力加減に気をつけましょう。

マツモムシ

How to hold

水ごとすくって持てば平気だけど、水が切れた途端に刺されるので、オススメできない

タガメ

比較的硬い体なので横からで大丈夫

このあたりを横から持つ

太い口で刺されるとものすごい鈍痛

How to hold

DATA

体長 6cm
よくいる場所
5-8月頃、限られた地域の水田で見られるが現在見られる場所は減りつつある

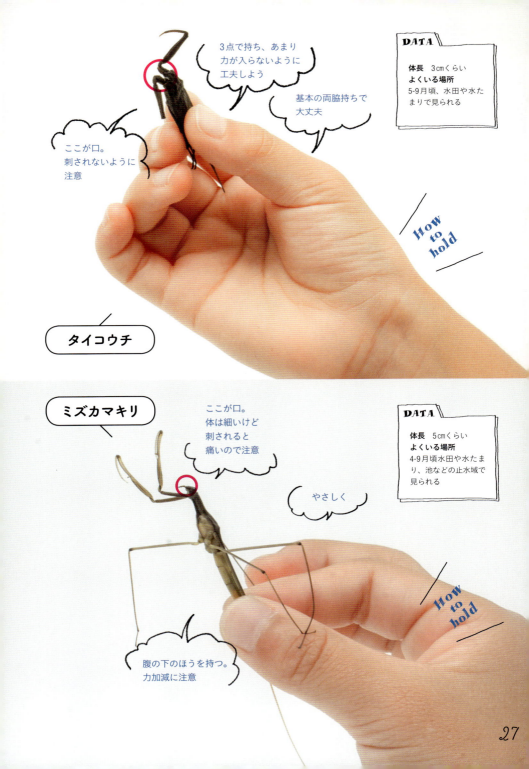

ザリガニ

ハサミを見て、背後から！

身近な生きもの

外 来種として、時に悪者扱いを受けるけど、子どもに生きものの飼いかたや扱いかたを知ってもらうには最高の生きもの。丈夫で飼育も楽チンで、真っ赤でカッコイイ。うまくいけば卵を持ったり、脱皮したり、生態観察もできちゃう。

ただ、なかなか強靭なハサミを持っているので、ちゃんと持ちかたを知っておかないとケガしちゃうぞ！

アメリカザリガニ

How to hold

硬い殻の部分を横から持つ

大きなハサミにはさまれるとかなり痛いので注意

DATA
体長　12cmくらい
よくいる場所
川の止水域や水路、水田や池、沼などで見られる

ニホンザリガニ

小さくても、
はさまれた痛さは
なかなかのもの

DATA
体長　6cm
よくいる場所
北海道や東北のごく一部でしか見られない

How to hold

お腹に卵を
持っていたら
すぐに水に戻そう

結構痛いぞ
はさまれるな！

ザリガニは、とにかくハサミに気をつければ大丈夫。基本は後ろから、さっと硬い殻の部分を持ってしまうだけ。そうすればもうハサミは届きません。大きく立派なハサミの持ち主は心配いりませんが、むしろハサミが小さい個体のほうが、もしかしたら指に届いちゃうかもしれないから、少しだけ慎重に！

カニ

最強の"ヤシガニ"は危険度MAX！

身近な生きもの

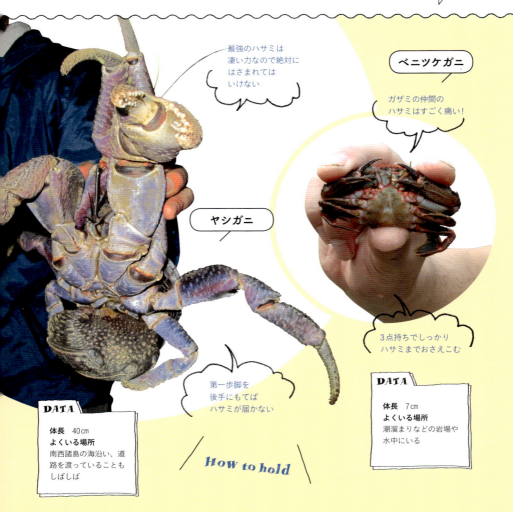

最強のハサミは凄い力なので絶対にはさまれてはいけない

ベニツケガニ

ガザミの仲間のハサミはすごく痛い！

ヤシガニ

3点持ちでしっかりハサミまでおさえこむ

第一歩脚を後手にもてばハサミが届かない

How to hold

DATA
体長　40cm
よくいる場所
南西諸島の海沿い、道路を渡っていることもしばしば

DATA
体長　7cm
よくいる場所
潮溜まりなどの岩場や水中にいる

海でも川でも大小さまざまなカニがいるけど、その逃げ足の素早さには男の本能を呼び覚ます魅力がある。そして、ついつい夢中になって追いかけてしまうのだ。このような相手に対峙したときこそ、気をつけないといけません。瞬時に正しく判断して迷わずさっと持たないと、逃げられてしまうか、その強靭なハサミで今まで味わったことのないような痛みを味わうことになるのだ……。

オカガニ

基本の両脇持ちで大丈夫

How to hold

動きは遅いけど
はさむ力は強いので注意!

DATA
体長 10cm
よくいる場所
南西諸島の海岸線の
路上

How to hold

サワガニ

小さくて持ちにくい。
両脇を持つのが
最も安心

DATA
体長 3cm
よくいる場所
河原などで常に水が染
み出ているような場所
の岩の裏

強靭なハサミに要注意!

カニの仲間の基本的な持ちかたは、甲羅の両脇を親指と人差し指ではさむ、それだけ。大きくても小さくても、まあ大体のカニが、この持ちかたでなんとか持つことができます。でも、ベニツケガニなど、凶暴でアグレッシブな動きをするカニはそうはいきません。とにかく手から逃れようと大暴れして、それでも放さずにいれば、甲羅と足ではさむようにして、怯んだところをハサミで脅しをかけてきます。こんなときは、親指と人差し指、中指で甲羅の下と両方のハサミをがっちりと3点ホールドしてしまうしかありません。そして最も危険なのがヤシガニ……。ヤシガニにはさまれたら血が出るくらいではすまない。ヤシガニはヤドカリの仲間なので甲羅がなく、どこを持ったらいいかわかりにくいけど、大きなハサミの次の足(第一歩脚)を大きなハサミの後ろでしっかり持つと、ハサミの稼働をおさえこみ、安心して持てます。

カタツムリとナメクジ

大触覚に目があるよ！

身近な生きもの

ヌ メヌメで大変評判の悪い生きものですが……かなりよく出会う生きものの1つではないでしょうか？
庭のナメクジをどうしよう。子どもがカタツムリを飼いたい……。
そんなときのためにも、嫌でも仕方ない持ちかたを知っておきましょう！

大触覚の先に目があるがあまり見えていない

小触覚

ミスジマイマイ

How to hold

呼吸口はこんなところについている

殻は意外と柔らかいので、つぶさないように注意

DATA
体長 4cmくらい
よくいる場所
4-10月頃、雨の日の葉の上や、コンクリートの壁

How to hold

「チャコウラナメクジ」

「わりばしで……食べないでね！」

DATA
体長 5cmくらい
よくいる場所
1年中プランターの下

ヌメったら終わり

カタツムリは、殻を持てば何も問題ありません。親指と人差し指で軽くつまむようにして持ちます。殻は比較的弱いので、力加減には少し注意してあげましょう。歩くときなどに出すヌメヌメした体液が殻についてしまうと、つるつる滑るので、カタツムリが体を伸ばして手につきそうになったら、ヌメヌメしちゃう前に軽くゆすって引っこんでもらうといいでしょう。ナメクジはヌメヌメが裸のまま歩いているようなものですから、もうつるつるしていてそのまま指でつまむのは困難なので、わりばしを使います。塗りばしのようないいはしでは滑ってしまうし、もったいないので、使い終わったわりばしで十分ですよ。

山に住んでいるヤマナメクジは10cmくらいになる。はしでは持ちにくいので、仕方ないから手の平にのせるしかない……。いや、無理に持たなくていいのですけどね。

「ヌメヌメしだすとわりばしでも持てなくなるよ！」

33

> 身近な生きもの

カエル
実は毒持ち！ でもカワイイよ

森 で川で田んぼで、カエルに出会うと嬉しいもんですよね。でも案外、すばしっこくて捕まえにくいし、肌が弱そうだし、小さいのでつぶしちゃいそうで怖い！ なんて思っていませんか。なかには、「カエルはデリケートで人間の手の熱でもやけどしちゃう」なんていう大人もいるけど、炎天下のなか葉っぱの上で寝ていたり、手を入れたら暑く感じるほどの水溜まりでオタマジャクシが育っていたりと案外丈夫。長いこと手で持ち歩いたり、引っ張ったり、つぶしたり、そんなことは論外だけど、そんなに慎重にならず、まずはトライだ！

アズマヒキガエル

耳線から毒を出すのでここは触らないで！

How to hold

ジャンプは苦手だけどよく歩くのでなかなかのキック力

DATA
体長　15cmくらい
よくいる場所
4-11月、森林から民家の庭まで神出鬼没

ヒキガエルは毒もありますから

ヒキガエルは、目の後ろの耳線に毒を持っていて、危険を感じると、白いネバネバした毒性のある液体を出すことがある。その白いネバネバは背中からも分泌させることもあるので、念のため分泌する箇所をさけて、腰をつまみ上げます。暴れるようなら後ろ足も手のひらで包んでしまいましょう。

How to hold

ツチガエル

ツチガエルは ちょいとつまむ

ツチガエルは、ワキをちょいとつまんじゃうと、あきらめて動きを止める子が多いです。この持ちかたは、どのカエルにも使えますが、落とすなどのリスクもあるので、あまり多用しないほうがいいでしょう。

DATA
体長 4cmくらい
よくいる場所
4-10月、用水路から渓流まで流れのある環境を好む

トウキョウダルマガエル

ジャンプ封じ！ トウキョウダルマガエル

トウキョウダルマガエルやトノサマガエル、アカガエルは、ジャンプ力が強くて下手な持ちかたをすれば暴れます。暴れれば、落としてしまうかもしれないし、足などケガをさせてしまう危険もあるので、そこはしっかり、腰から後ろ足までを包むように持ち、おさえこんでやる必要があるのです。

DATA
体長 6cmくらい
よくいる場所
5-9月、湿地や水田周辺の環境

ニホンアマガエル

アマガエルは包みこむ

葉っぱの上にいることが多いアマガエルは、そっと近づいて両手で止まっている葉っぱごと包むようにして、手に移った感触があったら、葉っぱをそっと引き抜いて持ちます。両手でなるべく空間を空けるように包みこむのがコツ。アマガエル以外にも、シュレーゲルアオガエルやいろいろな種類の小ガエルに有効です。

DATA
体長 4cmくらい
よくいる場所
4-11月、水田周辺の草むらなど草の上に多い

身近な生きもの

トカゲ

狙いは朝！ スローな動きの時間がある

庭 など家のまわりで身近で見られるトカゲをどうしても捕まえたいんだけど、素早くて捕まんない……。そんなこと、よくありますよね。でもそれは時間が簡単に解決してくれます。トカゲは朝、太陽に当たり体が温まると素早さを増すのです。だから体が温まる前の朝、狙えばいいのです。春や秋なら9時頃、夏は7時頃といったように。ひなたぼっこに出てきたばかりの時間帯を狙うのです。まずは何時頃そこに姿を現すか観察しましょう。トカゲもヤモリもカナヘビも、危険を感じると自分で尾を切って逃げるので、尾にさわらないようにするのがコツです。

ヤモリは夜狙う

ヤモリは普段は壁の隙間や戸袋にすんでいて、夜になると玄関のライトや窓の明かりに集まる虫を食べに、姿を現します。見つけたらそっと近づいてトカゲと同じようにバチンと捕まえます。体が平たいので、横ではなく上と下から頭の辺りをはさむように持ちます。喉のあたりを強くおさないようにするのがコツです。

ニホンヤモリ

How to hold

DATA
体長 12cmくらい
よくいる場所
5-10月、古い民家や公園のトイレなどの外灯で見られる

DATA

体長　20cmくらい
よくいる場所
4-11月頃、民家や水田などの朝陽のあたるコンクリートや岩の上

How to hold

ニホンカナヘビ

ヒガシニホントカゲ

How to hold

カナヘビ & ニホントカゲ、シッポを持たないで！

ひなたぼっこに出てきたばかりのトカゲは、体を温めることが最優先で、ギリギリまで逃げません。そこで「捕まえる気なんてありませんよ〜」と、とぼけた顔で何気なく近づくのです。一度逃げても、またすぐに姿を現すので、静止して出てくるのを待ちます。出てきたところを上からバチンと人差し指と親指の間に頭がくるように狙い、手のひら全てで体を覆ってしまうようにして捕まえます。うまくいったら指で頭をはさんで持ち上げるだけ。

DATA

体長　20cmくらい
よくいる場所
4-11月頃、庭など民家周辺、朝陽のあたるコンクリートの上など

ヘビ

毒があるぞ！ 気をつけろ！

 ムシやヤマカガシのように毒を持つものもいるので、野外でヘビに出会ったら、細心の注意が必要です。種類のわからないものには近づかないほうが賢明です。が、種類がハッキリわかる種類だったら？ 捕まえてみたいと思うのが人ってもんでしょ？
持ってみたらヘビの魅力がわかるかもしれませんよ。

How to hold

アオダイショウ

アオダイショウは
おとなしい奴ばかりじゃない

大きくなると2メートルを超える大型ですが、性質はおとなしいと言われています。でも私は何度も噛まれたことがあります。野外で噛まれればさまざまな危険が伴いますので、噛むものと想定して挑みましょう。上から頭めがけて一発で首のあたりをつかんだら、シッポのあたりを腕にからめるようにします。

DATA
体長　180cmくらい
よくいる場所
4-10月、民家周辺の環境、日の当たる朝に日向ぼっこをしていることが多い

おまけで毒ヘビ、ヤマカガシ

田んぼなどの人里でもっともよく出会うヘビですが……。実は毒ヘビ……。おとなしくて噛まれたことはないけど、毒は強いので絶対に持っちゃダメ。まあ持っちゃダメですけど、私の場合は、やはり念のため首をおさえて持ちますよ。

DATA
体長 120cmくらい
よくいる場所
水田など餌となるカエルがよくいる場所

How to hold

ヤマカガシ

Approach 手順 子ヘビの場合

1. 持ちやすい体勢になったら
2. 上から一気に首を狙います
3. アゴの両サイドをつまみ上げて
4. 手のなかにすっぽり

Column
野外で出会った生きものを持つ前に

　野外で出会った生きものを持つ場合、もっとも重要なのは、持っても平気な生きものかどうかを判断することだ。かといって、よほど生きものに精通した人や、それを仕事にしている人でもない限り、多くの生きものの情報を頭に叩き込んでおくことはなかなかできることではない。キノコ採り名人がキノコの毒にあたるなんてこともあるように、たとえ知っているつもりでも間違うことだってある。この際、割り切って自分の知識にない生きものや疑わしい生きものは持たないという判断を下す……それも勇気だ。

　私はカメラマンとして、いろいろな生きものに接しているが、実はスタジオ撮影をするなど、必要にかられない限り、生きものをわざわざ持ったりはしない。それに当然ながら、知らない生きものには絶対にふれない！　それは自分を守るためでもあるが、同行者に迷惑をかけないためでもある。

　ここで、「ある島で、もしも同行者が毒ヘビに噛まれた場合」のシミュレーションをしてみよう！
　島に着いて数時間、2人で車を流しながら見つけたヘビを嬉しそうに撮影していると、ある公園にたどり着く。公園では別行動で生きものを探そうということになり別れた。それからほどなくして遠くから「松橋さ〜ん」と私を呼ぶ声……。
　私は撮影に専念していて、それを無視してしまう。
　しばらくして車に戻ると、「いまヘビを見つけてね、松橋さんが喜ぶと思って捕まえたんだけど、ちょっと噛まれちゃいました」と

同行者。
「そうか、かわいい奴め！　悪かったな〜」と、見たその右手にはでっかいマムシが握られているではないか！！！

　間違いなくマムシと確認した私は、「それはマムシだから、今すぐ遠くに投げろ！」と指示し、それと同時にカメラバックから毒を吸引するリムーバーを取り出す。とりあえず傷口から血を吸い出すがサラサラとしていて毒を吸い出せたようには思えない。それはそうだろう、私の名前が呼ばれてからもう10分以上経過している……。これはダメだ！　すぐに病院を探そう！　地図にあった一番近い病院でも車で20分ほどかかる！　あわてて病院に向かったが……なんと閉鎖されているではないか！　そして案内のあったもう1つの病院はそこからさらに30分もかかる。これまずい……。

　心配で泣きそうな彼女を「そんなの大丈夫だから心配するな！もうすぐ病院だよ！」と勇気づけながら、ひたすら車をぶっ飛ばし20分で病院に運び入れたが……、噛まれてからここまでで1時間近くかかってしまったため、肩までパンパンに腫れ上がっている！！

　病院で怒られながらもすぐに処置室へ。血清と点滴を打ち出てきた彼女の腕は、包帯でグルグルに巻かれ、もちろん翌日からフィールドワークも取材もキャンセルし、病院に通う日々。滞在中の数日間はずっと高熱にうなされていて……もうこれは悪夢だ！！！

　ということで……。そんなセキュリティー能力の高い私が、生きものに出会ったときのために常備している道具を紹介しよう！

次のページへ

Column

これらが、小さなバッグにおさまる大きな安心だ！

カメラ

記録として写真はとても有効。グレードの高いコンパクトデジタルカメラを1台持っているといい。見た生きものは撮影するように心がけておけば、何かに噛まれた場合も有効。わざわざ捕まえて運ばなくても、写真があれば何に噛まれたかを判断する材料になる。

手袋

ヘビでも毛虫でも素手で持ったら危険そうと判断した場合は、「ケブラー繊維」入りの手袋か、丈夫な革手袋を使う。

ツールナイフ

ナイフを持ち歩く人は多いが、野外において一番便利なのがペンチとハサミ。ペンチ型のしっかりとしたナイフ（右）とハサミ型の小さなナイフ（左）を持っていると安心。

プラスチックケース

もちろん捕まえた生きものを運ぶためだが、もしもヘビに噛まれて種類が判断できないときは、プラケに入れて、病院まで持って行こう。

ライト

夜の野外だけでなく、暗がりを照らすのにも、噛まれるなどのトラブルのあったときにも、ライトはとにかく便利。カラーLED内蔵で、場合によって色の変わるものが最も使いやすい。

リムーバー

毒を吸い出すための道具。傷口に合わせたカップをつけ、毒を吸い出す。

トゲ抜きとルーペ

植物のトゲはもちろん、虫に刺されてトゲが残った場合など、とにかくチクッとしたらこれで解決。

絆創膏

ケガをした場合の必需品。

2 総合ペットショップオーナー 後藤 はこう持つ！

総合ペットショップはありとあらゆるペットを扱います。
いつもきれいに保つため、飼育ケースの管理も怠りません。
そのためには素早く、的確に生きものを扱う必要があるので、
作業効率のいい持ちかたをする必要があります。しかもペットとして
新しい飼い主さんに引き取られる生きものばかりですから、
僕たちは持てないなんて言い訳は通用しませんし、
ご購入いただける飼い主さんに、飼いかたはもちろん、
どう扱ったらいいのか、持ちかたも教えなければなりません。
だから、作業効率と同じくらい、生きものと扱う側、
双方の安全が重要なんです。
こうして編み出した「合理的な持ちかた」で
どんな生きものでも持ちますよ！

Profile
後藤貴浩

岩手県花巻市出身。ホームセンター内の総合ペットショップを経営するかたわら日々田んぼのパトロールをしている。ペットから野生生物までなんでもおまかせ！

サソリ

キケン3角ゾーンは要注意！

虫、蟲、珍ペット

日本に棲息するサソリや、ペットとしてポピュラーな種は、例外を除き人の命に関わるほどの毒を持つものはいないと思ってかまわない。でも、世界にはかなり強い毒を持つ種がいるのも事実！ 日本で出回っているものに関しては買うときに種名や産地、毒の強さなどをキチンと調べておくのは当然の義務。もしも海外で出会ってしまったら、瞬時に種を特定するのは困難なので、さわらない方が無難。でも、もしも親友の寝床にサソリが入っていくところを目撃したら、どうする？

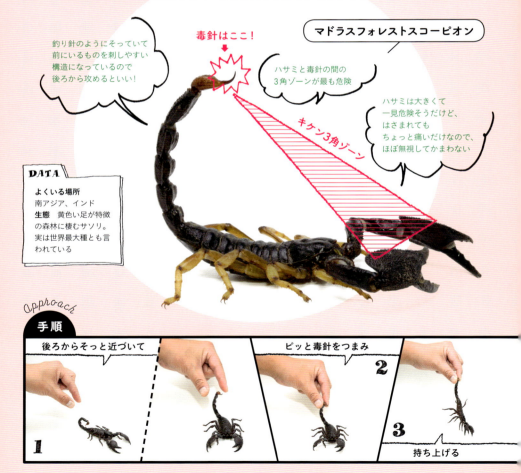

How to hold

毒針を制する

サソリの大きなハサミは、特に危険ではない。はさまれても少し痛いだけ。持つときに注意しなくちゃいけないのは毒針です。毒針さえおさえてしまえば、危険はないんです。威嚇して振り回してくるハサミなんて気にせず、さっと毒針をつまんじゃう。あまりにも動きを止めないときは、前に手をかざして注意を引きつけると効果的です。

ダイオウサソリ

DATA
よくいる場所
中央アフリカ
生態 ペットとして最も流通しているサソリ。大きなハサミを持ち、力も強いが毒性は低いといわれている

ゆする
体を反らしてきたら
上下にゆらゆら、ゆする

タランチュラ

ひたすらじっと、手の上に……

虫、蟲、珍ペット

How to hold

自由に歩かせて、
登ってきそうなら
もう片方の手を
前に出せば、
そちらに移ります

ローズヘアータランチュラ

じっとして、
手の上だと
思わせなければ
いいのです

怖がらせない技

タランチュラは怒ってしまうと手がつけられないので、とにかくそっと手を差し伸べ、自ら手に乗ってもらうことがコツ。もしも怒ってしまったら、プラケースなどをかぶせて怒りが収まるのを待ちましょう。非常に短気な種もいるので、どうしても手では扱えそうにないときは無理せず、そのプラケースに追いこめばいいのです。タランチュラと対峙した際には意地を張らないことが重要です！

イラ
イラ
イラ

この姿勢になったら
あきらめよう

タ ランチュラもサソリ同様に危険生物として有名だが、直接人命に関わるような毒を持つ種は少ない。サソリにくらべて厄介なのは、木の上などにもいるということと、エキセントリックな動きをすること。そして毒のついた毛を飛ばす種がいること！ 実際に接触しなくても、この毛に触れるとアレルギー症状を発症してしまうことがあるのだ。「出会っても襲ってくるわけじゃないし、ほっとけばいい」。本当に？ もしも愛する人の背中をタランチュラがテクテク登っていたらどうする？ そんな時のためにも、この持ちかたや扱いかたを習得しておくべきなのだ！

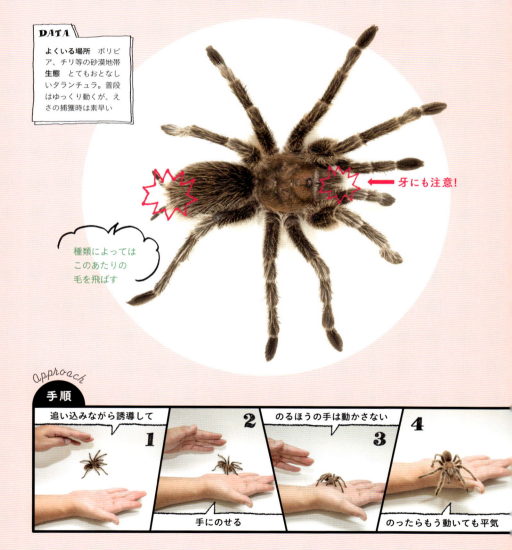

DATA
よくいる場所 ボリビア、チリ等の砂漠地帯
生態 とてもおとなしいタランチュラ。普段はゆっくり動くが、えさの捕獲時は素早い

← 牙にも注意！

種類によってはこのあたりの毛を飛ばす

Approach 手順

1. 追い込みながら誘導して
2. 手にのせる
3. のるほうの手は動かさない
4. のったらもう動いても平気

大型カブトムシ

動かない角をおさえる！

虫、蟲、珍ペット

大型のカブトムシがペットとして日本に入ってきて久しい。ペットショップなどで、勝手にプラケースに手を突っこんでさわろうとした子どもが、胸の隙間に指をはさまれて流血するなんてのはよくある話。そんなとき、勝手にお店のプラケに手を入れた我が子をしっかり叱りとばすのはもちろんだが、もしもそれぞれの種類に適した持ちかたをお父さんが知っていたら……！ ちょっと違った展開があるかもしれないじゃないですか！

ヘラクレスリッキー

How to hold

DATA
体長　60〜180mm
よくいる場所　中南米
生態　ヘラクレスは12亜種にわけられており、中でも大型で最も分布域の広い亜種。世界最大のカブトムシ

動かないほうを見極める

基本は動かないほうのツノを持つことです。まずは体の構造をよく見て、どのツノが動かないのか知りましょう。動かないほうのツノがわかったら、今度はアプローチ。基本にそって、後ろからと考えては失敗します。威嚇姿勢のときは前からアプローチするなど臨機応変に対応しましょう。日本のカブトムシと違って、すごいパワーなので、持ちかたにも少し工夫が必要です。

DATA
体長　60〜120mm
よくいる場所　東南アジア
生態　3本の長い角を持ち闘争心旺盛で力も強い。諸説あるが、最強のカブトムシ

How to hold

コーカサスオオカブト

ここにはさまれないように注意！

「気門」をふさいでいるから、
まちがってます！

この持ちかたはポピュラーだけどあまり長時間持つと幼虫にとって負担！

固まっているうちに……

幼虫を持つときに気をつけなきゃいけないのは体の横の「気門」をふさがないこと。そのためには、体の横ではなく縦につまみあげるのが、幼虫にとっては一番なんです。この持ちかたは幼虫が警戒して丸く体を硬直させているときにしかできないので、素早く作業を終わらせます。また牙が鋭いので、噛みつかれないためにも有効ですよ。

How to hold

アクティオンゾウカブト

幼虫

カ ブトムシの幼虫は適当につまみ上げて手の上で転がす……。そんなイメージをお持ちだろうが、幼虫にも持ちかたのマナーは存在する。しかしその持ちかたは余り知られておらず、適当に持てば、誰にでも持ててしまうこともあって、多少ぞんざいに扱われがちなのも事実だ。

さあ、ペットショップに行って幼虫を購入するとき、ペットショップの店員さんがどうやって扱うかを見てほくそ笑んでやろうじゃないか！

DATA
体長 60〜120mm
よくいる場所 中南米
生態 世界最重量のカブトムシ。幼虫が成虫になるまでに、長いと5年以上かかる

大型クワガタ

アゴの形をよく見てトライ！

虫、蟲、珍ペット

クワガタなんてカブトムシと一緒でしょ？ なんて安易に考えていたら大きな失敗をすることになるだろう。なぜなら、クワガタのクワは両方動くからだ。しかも、そのクワではさまれるとかなり痛いことは言うまでもない。それに、クワガタのクワは種類によって大きさや形が異なるので、実際にどこを持つべきか迷うこともある。また同じクワガタでも大アゴ型と小アゴ型がいて、そのバリエーションはかなり豊富なので決断するのは難しいのだ。

家族で楽しい海外旅行中、ホテルの窓に見たこともないクワガタがとまっていたらどうする？
「そのクワガタつかまえて」と息子に頼まれたとき、「いやいや父さんは苦手なんだよ」と、そんな情けないことにならないためにも、この持ちかたを知っておくべきだろう。

DATA
体長　60〜100mm
よくいる場所
東南アジア
生態　力はそれほど強くないが、はさまれるとものすごく痛い。

ディディエールシカクワガタ

この姿勢になったらあきらめよう

外国産クワガタの大アゴは大きさも形も様々

ここかここを持つといい

DATA
体長　60〜100mm
よくいる場所
東南アジア
生態　ツヤクワガタの仲間はサイズによって別種と間違うほどオオアゴの形状が違う。

アルケスツヤクワガタ

ひらめきと洞察力

クワガタは基本的に前胸や後ろ胸を人差し指と親指でつまみ上げる持ちかたがいい。でも、例えばプラケースを掃除しようとしたときなど、狭い間口なのに上半身を持ち上げて威嚇姿勢をとられてしまった場合、後ろから前胸をつまみあげるのは困難です。そんなときは、その最大の武器であるアゴをおさえこんでしまおう。いろいろな形のアゴがあるので、どう持つかはそのアゴの形状とクワガタの体勢で異なります。そこはひらめきと洞察力を身につけるしかないでしょう！

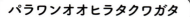

パラワンオオヒラタクワガタ

How to hold

DATA
体長　50〜110mm
よくいる場所　フィリピン
生態　世界最大、最強のクワガタで、力もすごく強い

持ちかたバリエーション

大アゴの長い種類はこんな持ちかたもできる

ギラファノコギリクワガタ

怒って威嚇姿勢のときは前から大アゴの横を持ってしまうといい

怒ってどうしようもないときはこんな手もある！

DATA
体長　50〜120mm
よくいる場所　東南アジア〜インド等
生態　種小名のgiraffaが「キリン」を意味する通り、大アゴが体に比べて特に長く、体形は全体的に扁平である。

虫、蟲、珍ペット

ゴキブリとヤスデ

持ってみる？

日本一の嫌われ者といっても過言ではないだろう、ゴキブリとヤスデ。「そんなもの持たないよ！」そう思ったあなたは、家族の安住の地を守るため、どうやってその家屋害虫たちと戦うのだろう？　ヤスデはティッシュでつぶしちゃう？　ゴキブリは新聞丸めてベチッ？　それとも殺虫剤をかけまくる？
「つぶしたら臭いの出した〜！」「つぶれたゴキブリの処理——!!」「大切な家具に殺虫剤かかっちゃった〜!!!」さて、どうしよう……。と考えちゃうことありますよね？　そうそんなときはこうだ！

ヤエヤママルヤスデ

How to hold

動かないようにする

DATA
体長　60〜100mm
よくいる場所
八重山諸島
生態　夜間森林で、スダジイ等のかなり高い幹に張りついているのを見ることができる

臭いを出させるな

ヤスデの仲間は噛んできたりはしないし、素早くもないのですが、クサ〜い臭いを出すんです。だからここはクサ〜イ臭いを出させないことだけに集中。そっと手に追い込み、登らせてから、ころころっと軽く揺すってやると、こんな感じで丸まっているのでひとまず安心です。

マダガスカルオオゴキブリ

How to hold

DATA

体長 50〜70mm
よくいる場所 マダガスカル
生態 ペット用ゴキブリとしては定番種。成虫になっても無翅であり、卵胎生。威嚇するときに「シューシュー」という噴気音を出すことができる

ゴキブリだと思うな

ゴキブリは素早くて、すぐに隠れるので、とり逃す可能性も多いですよね。そうなったらもう見つけるまで家族が許してくれないでしょう。そんなリスクを背負うくらいなら、思い切って手でいっちゃうのが一番。
体も羽も柔らかいので、横ではなく上と下から、やさしくつまむように持ちます。コツは、その手の中の生きものを頭の中ではコオロギあたりに変換しておくことが大事ですね。

動きの早いゴキブリは3点持ち

ヤエヤママダラゴキブリ

チンチラ

暴れてもムダだと思わせる!?

虫、蟲、珍ペット

アンデス山脈に生息するげっし類。その愛くるしい容姿で、最近はペットとしての人気も高いチンチラ。いろいろな毛色の品種もいて、ペットショップでも多く見かけるようになりました。もしも、お気に入りのかわいい店員さんがいるペットショップで、チンチラが逃げ出し、彼女に「その子をつかまえて下さい!」と頼まれたら……。

ちょっとかっこいいところ見せたいでしょ。そう、そんなときのためにも知っておこう! この持ちかたを。

大きな耳がアニメみたい!

立ち上がるのが得意

DATA
体長 300mm
よくいる場所 チリ
生態 高級毛皮、実験動物として知られている

絶妙な力加減

チンチラはおとなしい生きものですが、人馴れしていない子は暴れることもあります。持ちかたは首の後ろをしっかり持ち、暴れてもムダだと思わせることです。反対の手で後ろ足もしっかりおさえます。コツは絶妙な力加減。弱すぎると暴れたときに落としかねないですし、力を入れすぎるとチンチラにとって負担になります。

How to hold

シマリス

かわいそうに見えるけど、痛くない

虫、蟲、珍ペット

ここのたるんだ皮膚を
つまみ上げる

How to hold

DATA

体長 180〜200㎜
よくいる場所 アジア
生態 輸入規制により、最近は昔ほどポピュラーなペットではなくなっている。実は気が荒い一面を持っている

その昔、ペットとして不動の地位にあったのに、さまざまな理由で最近は輸入数が激減してしまったシマリス。ペット向きな、なつっこい性格のリスで、しつけ次第では手乗りになるほど。しかし、はじめからそう簡単にはいかないのが、リス！ 歯も鋭く、木製の巣をぶっ壊すほどの威力なので、噛まれれば流血必至。大ケガにつながることもあるので、まずはこの持ちかたをしっかりマスターして徐々に信頼関係を築くべきだ！

背中の縞模様が特徴！

げっ歯類は歯が強靭！噛まれちゃだめ絶対！

かわいい顔にだまされないで

こんなにかわいい顔をしてても、まだ人に慣れていない子をいきなり持とうとすれば噛まれます。なので、まずは人差し指と親指で首の後ろの皮膚をつまんで、ぶらさげるように持つ。首根っこつまんじゃかわいそうという人もいるけど、ここの皮は人間のヒジみたいに、少したるんでいて持っても痛くないんですよ！

観念したら暴れないよ

フクロモモンガ

かわいらしすぎるけど、「断末魔の叫び」も……

虫、蟲、珍ペット

大きな耳とつぶらな瞳で女子のハートをしっかりつかみ、今ペットとして人気急上昇中のフクロモモンガ。でも、しかしこいつはなかなか思い通りにおとなしくしてはくれない生きものだ。体が柔らかく、アグレッシブに動くし、動きも素早い。そしてガブッと噛むかもしれない……。なかなか手の上でじっとしてはくれないが、だからといって無理におさえつければ、この小さな体からは想像もできないような断末魔の叫びで抵抗する……。でも欲しいものは欲しいのが女子でしょ。だったら、まず持ちかたをマスターして、ペットとして迎え入れよう。

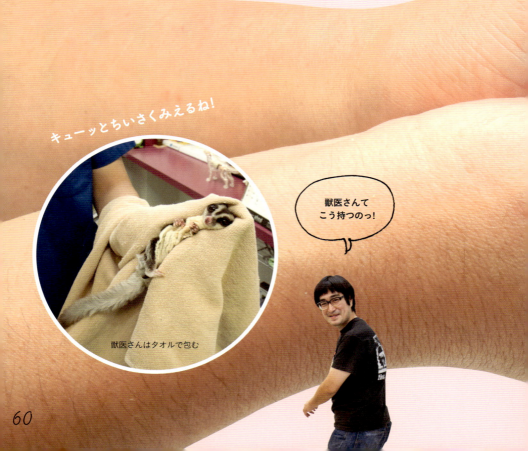

キューッとちいさくみえるね!

獣医さんはタオルで包む

獣医さんてこう持つのっ!

おさえたいけど、おさえない

本来まだ人に慣れていないときは、首のあたりと体のあたりをしっかりホールドするのが一番なんですが、おさえこんでしまうと、すごい声を出して抵抗するんですよ……。まさかペットとしてこれから一緒に住もうと思っているお客さんの前で、そんな醜態をさらすわけにはいきませんから、ここは噛まれるかもしれない恐怖心とおさえこみたい気持ちをぐっとこらえて、両手で包みこむように持つんです。手の中では、わりと安心して落ち着いてくれますからね。無理のない範囲で、こういうコミュニケーションをとり続ければ、難なく持てるようになるでしょう。

DATA

体長 150〜200mm
よくいる場所 インドネシア、オーストラリア
生態 子供は生後約70日間、メスの育児嚢（袋）で生育する。飛膜を持ち、50メートルほど滑空することができる。

How to hold

ハムスター

噛む性格か、噛まない性格か？

虫、蟲、珍ペット

かわいいアニメが発端で一大ブームを巻き起こしたハムスター。それまでは少し変わったペットの部類に含まれていた気がするのだけど、いまや「子どもの頃、一度は飼ったことがあるな〜」「一家に一匹？」そんなレベルでペットとして浸透し、動物園のふれあいコーナーなどでも普通に見られるように……。

動物園で「ハムスターさわりたい〜」とだだをこねる愛娘。「父さんはさわれないよ……」は不正解。やっぱり正解は「ほら、こうやって持つんだよ〜」でしょう？

How to hold

ゴールデンハムスター

首回りを指でホールド

DATA

体長 80〜120mm
よくいる場所 中東のレバント地域
生態 ペットとして飼われているゴールデンハムスターは、1930年にシリアで捕獲された1匹のメスとその子孫が繁殖し、世界中に広まったものである

ジャンガリアンハムスター

How to hold

小さいからね

ジャンガリアンハムスターは小さいし性格もおとなしい子が多いので、片手でひょいっと持てば、案外おとなしくなります。安全面を考えれば両手で包みこむ持ちかたがいいかもしれません。

DATA

体長 60〜80mm
よくいる場所 シベリアから中国北部
生態 ゴールデンハムスターよりも小型なことからドワーフハムスターと呼ばれたり、冬になると体毛が白く変化する個体がいることから、ウィンターホワイトハムスターと呼ばれることもある

噛む可能性も

ゴールデンハムスターは人なつっこいけど、はじめのうちは噛む可能性を捨て切れないんですよね。だから、入荷したての子は、やはりこう後ろから首の両サイドをはさむようにしておさえちゃいます。何度かこうした接触を繰り返していれば、噛む子と噛まない子の区別がつきます。噛む子は引き続きおさえ持ち、噛まない子は手で包みこむように。

パンダマウス

マンガみたい？　シッポをひょいっとね

> 虫、蟲、珍ペット

DATA

体長　60〜70mm
よくいる場所
世界の広い地域
生態　ハツカネズミの改良品種で、江戸時代より飼育されていた。日本では途絶えてしまっていたが、ヨーロッパに渡ったものが代を重ねており、また飼育されるようになった

How to hold

シッポは丈夫で自分の体重くらいなら全く問題ない

ヒィ〜

そうだシッポがあるじゃないか！

変に驚かさなければ噛むこともないでしょうし、人なつっこくて頭もいいので、両手で包みこんでも、片手でひょいっと持ち上げても、まあどう持ってもいいんですけど。
飼育ケースの掃除などで移動するときは、作業効率も考えてシッポをつまみ上げちゃいます。シッポを持つと、かわいそうと言われてしまうこともありますけど、長時間ぶら下げたりしなければ全く問題ないです。逃走される危険がないのでおすすめです。それでもかわいそうなら、シッポをおさえつつ手のひらにのせるのがいいかもしれません。

江戸時代から飼われていたと言われているパンダ模様のかわいいマウス。普通のマウスより小さくてチョロチョロした動きも魅力的で、飼育も簡単！ 人にも馴れやすくて頭もいい！ いいことづくし！

繁殖も容易でばんばん増えるので、友達に1人パンダマウスを飼っている奴がいると、その友人やご近所はいつの間にか全員がパンダマウスを飼うはめになるという噂も……。

How to hold

シッポをはさんで動きを抑制！

ここがコツ！

ニワトリとヒヨコ

オスのニワトリって怖いよ！　本当に！

虫、蟲、珍ペット

DATA

体長　400〜500㎜
よくいる場所
世界中で飼育されている
生態　東南アジアや中国で家畜化され、その後ヨーロッパへと渡った。年間300個以上の卵を産む品種もあり、ギネスブックにも掲載されている

How to hold

勝負は一発で

まずは殺気を消し、さりげなく近づきます。そして距離を上手くつめることができたら、ニワトリが距離を保つため、後ろを向いたところを、両手で羽を包みこむように「がばっ」と持ってしまいましょう。一発で決めるのがコツ！

オスのニワトリと戦ったことがある方ならご存じだろうが、ニワトリって本当に怖い！　飛びかかって前蹴りをくらえば、その鋭い蹴爪(けづめ)（または距爪(きょそう)）でズボンは裂け、こちらの反撃は難なくかわされ、次の瞬間その立派なクチバシで的確に弱点を攻めてくる！

そんな凶暴なオンドリとの戦いに備えて、ペットショップに売っているようなおとなしめの品種などで練習をしてニワトリ対策にはげもう！

野球のボール＝ヒヨコ？

ヒヨコは野球のボールを投げるときのような指使いで、首の両サイドから全身を優しく包み込むように握ります。こうすれば暴れられないのでヒヨコも、きょとん顔で、おとなしくしますよ。

野球のボールを持つ感じ！

How to hold

カブトムシに離してもらう方法

木にしっかりつかまって、大きな体を支えるためカブトムシは爪が発達している。
もしも手をがっちり、つかまれたら皮膚に爪が食いこみ、
とてもはがせる状況ではありません。
無理に引っぱがそうとでもすれば、流血必至……。
そんなときは人間様が頭を使って、軽くあしらってやればいいのですよ！

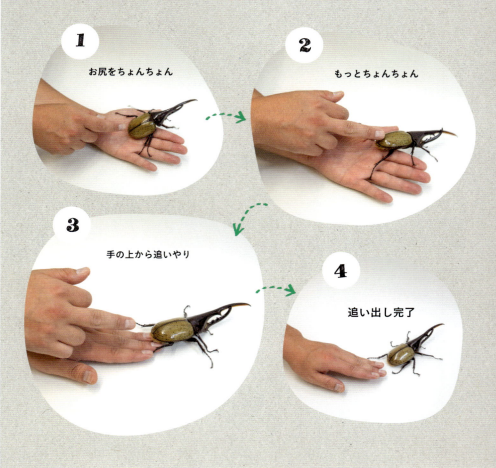

1. お尻をちょんちょん
2. もっとちょんちょん
3. 手の上から追いやり
4. 追い出し完了

怒ったクワガタを簡単にプラケから出す方法

クワガタを小さなプラケ（プラスチックケース）で飼育している場合。
ケースの掃除などで取り出そうとしたら、
怒って大アゴを振り上げるので手が入れられず、
手こずるなんてことよくありますよね。そんなときはこうしてみて！

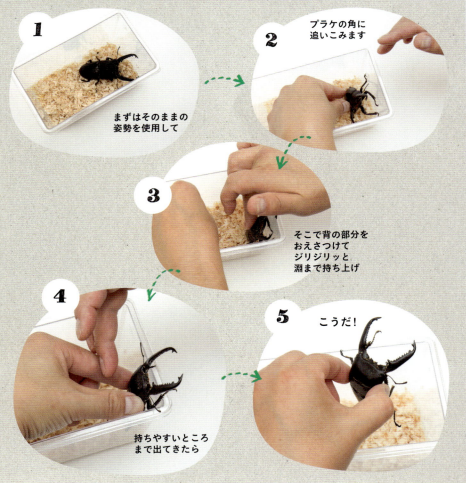

1 まずはそのままの姿勢を使用して

2 プラケの角に追いこみます

3 そこで背の部分をおさえつけてジリジリッと淵まで持ち上げ

4 持ちやすいところまで出てきたら

5 こうだ！

3 いろんな生きものを診る獣医師 田向 はこう持つ!

私は獣医師として、どんな生きものも治療するポリシーがあるから、
持てない、扱えないっていう弱気な判断はできないんですよね。
必死の思いで行った動物病院で「うちでは扱えません」
なんて言われたら悲しいでしょ……。
だから、あらゆる可能性を考えて、考えつくすべての方法を駆使して、
目の前にいる生きものに対して、最も適した扱いかたを心がけます。
小さい頃から生きもの好きなんで、当然何でも持つ自信はありますし、
プロレスマニアなんで、おさえつける手法もいろいろ知っています。
獣医師としてただ持つのではなく、
的確な治療を行うための〜
ホールド魂(生きものを安全、的確に保定する高い精神性)ですよ!

Profile
田向健一

田園調布動物病院院長。イヌネコからウサギ、は虫類、はたまたブタやヒツジまで家畜の治療も行う。いままで診療した動物は200種に及ぶ。獣医療の成功は保定(動物を動かさないようにすること)で8割決まるとも言われる。

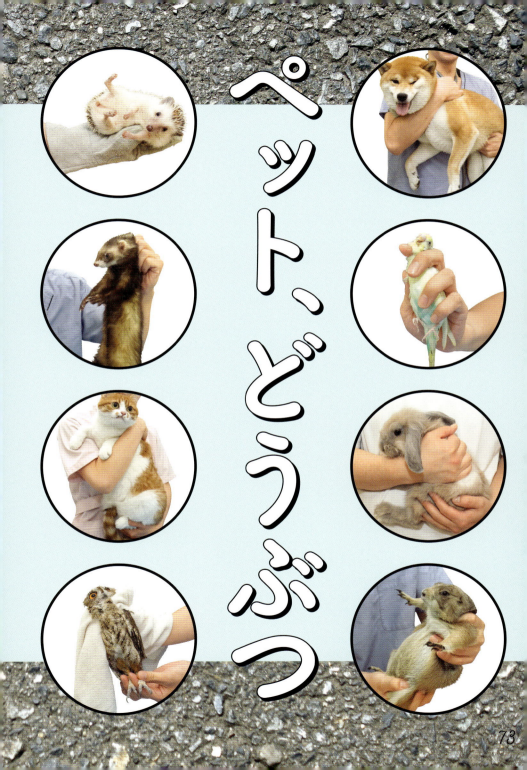

イヌ

大型犬も持てるけどコツがある！

ペットどうぶつ

グレート・ピレニーズ

大型犬はお互いの腰に注意だ

大型犬は重いので前足を肩にかけて腰から尻に手をまわし支えるといった持ちかたをする飼い主さんも多いのですが、これだと、暴れだしたときにキックされて、おさえられなくなったり、落下したときに上手く着地できなかったりと、危険もあります。それに愛犬も飼い主さんも、どちらの腰にも負担がかかってしまうので、あまりおすすめの持ちかたではありません。最も安全な持ちかたは、胸から前足の付け根と後ろ足の付け根を後方から手をまわして持ちあげるこれ。この方法なら、自然な型で全身をおさえることができますし、もし落下しそうになっても落ち着いて下ろしてあげれば、そのままの姿勢で安全に立つことができます。

DATA

体長 40-100cm
性格 キングオブ・ペット。人間と唯一親友関係になれる動物

外でクサリにつないで飼っている雑種犬を、夕方にクサリを外して勝手に散歩してもらう……。今はそんな時代じゃありません。

朝、アスファルトが熱くなる前に、こぎれいなおばさまがイヌをだっこしながら優雅に散歩。そうです。もはやイヌは「毎日散歩してやらなきゃいけない」相手ではなく、おばさまの散歩につきあってくれる大切なパートナー。イヌが疲れたり暑そうならば、だっこするものなのですよ!?

さまざまな場面でだっこしてあげる必要が生じるのは事実。大切な愛犬を危険にさらすことなく、だっこする側の飼い主も腰を痛めたりしないように、専門家はどう持つのか？ 知っておいて損はないでしょっ。

> 飼い主さんだとイヌはどうしても、楽な姿勢を取りがち。俺が持てば、変な顔はしつつもしっかりホールド

中型犬、基本は大型犬と同じ

中型犬も持ちかたのスタイルは大型犬と同じ。胸から前足の付け根と後ろ足の後ろから、すくうように持ち上げます。飼い主さんは前足を自分の腕にのせるようにしてだっこしてしまいがちですが、これだと前足で蹴られたときに前に飛び出して事故につながることもあります。正しい持ちかたを心がけましょう。

ミニチュア・ダックスフント

柴犬

小型犬はだっこ

大型犬や中型犬はしっかりおさえるというスタイルですが、小型犬はやさしくだっこするような印象でいいと思います。コツは、暴れださないように後ろ足をしっかりおさえること。そして体に密着させること。そうするとイヌも安心してくれます。

ネコ

だっこが嫌いなネコもいる！

ペットどうぶつ

ニホンネコ

How to hold

DATA
体長　30-40cm
性格　単独生活を好むけど、気が向くとすごく甘えん坊に変身する

その昔、ネコは好きなときに外を歩きまわり、気が向くとえさを食べに帰ってくると言ったように、自由気ままに飼われていることが多かった。外でネコに出会った場合、首輪をしてれば飼いネコ、首輪がなければ野良ネコ……そんなイメージだったけど、平成に入り、ネコをとりまく環境も随分と変化したものです。

今は大半のネコが家の中で暮らしています。飼い主との関係も密接で、だっこしてお散歩したりショッピングする姿もときどき見るようになりました。自分の抱きかたは正しいのか、ここで改めて確認しよう！

ネコだっこ

基本は両脇から手を回し、背中に手を添え、もう片方の手は尻から回し、後ろ足をおさえるようにします。あとはネコが勝手に抱かれやすい姿勢をつくるでしょう。飼育環境は変わってもネコが気まぐれなのは変わりません。だっこされるのが嫌いなネコもいるので、無理にだっこしようとするのは賢明ではありませんよ。でも、どうしてもおさえこまなければならないことがあるのも事実なので、その場合は92ページのホールド魂を参考にしてくださいね。

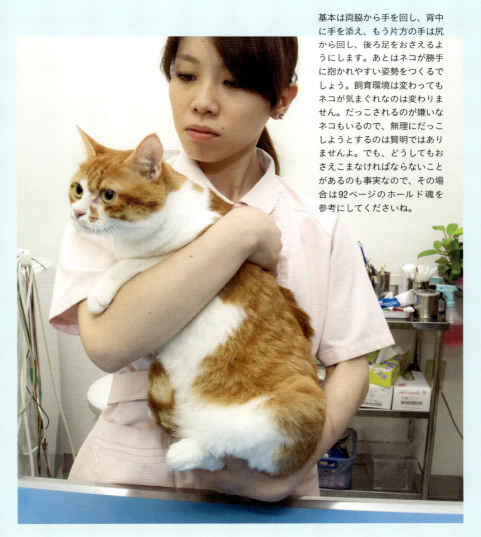

フェレット

たるんだ首の後ろをつまみ上げる

> ペットどうぶつ

その魅力は、なんといってもかわいらしい顔と愛くるしい仕草、そしてマイペースで自由な性格でしょう。

その昔、フェレットを飼育することを拒む最大の原因であった、あの激臭や気性の荒さは、今や皆無。ペットとして流通するほぼすべてのフェレットが、臭腺を除去され、性格までも温和に……。かつてあのニオイを嗅いだことがあり、気の荒い個体に噛まれたこともあるから、今でも少し尻込みしてしまうぜ……という人は、この持ちかたで攻略だ！

DATA

体長　30-40㎝
性格　肉食のくせして甘いもの好き。陽気で能天気、活発、しかも良く寝ます

ペットショップはこう持つ

店頭でお客さんに見ていただくときは動きを抑制する必要はないので、フェレットも少し自由に動けるように、わきの下を持ったり、腕の上にただのせる感じですね。でも……やはりテンションがあがってしまうと収まりがつかなくなるので、そのときは首根っこをおさえます。そんなわがままっぷりがまたかわいいのですがね。

ここの皮膚が
たるんでいるので、
しっかりつまみ上げる

How to hold

治療はこれ

フェレットは気性こそ温和になったけど、やはり自由気ままな生きものなので思い通りにさせてしまったり、テンションをあげてしまうと手がつけられません。ましてや治療を受けに病院につれてこられているんだから、そこはしっかりと首根っこをつかみ動くのをあきらめさせてやる必要があるのです。こうすればすっかりあきらめて暴れもしないので、診察やメンテナンスもこの状態で行います。首の後ろの皮膚はたるんでいるので、多少強くつかんでも痛くも何ともありませんからご安心を。

診察も耳掃除もこのまま

ウサギ

自分のお腹にウサギの背中をぴったりつけて

ペットどうぶつ

DATA

体長　30-60㎝
性格　臆病でご機嫌ななめのときは、足ダン！をする。甘え上手な一面も

ウサギは無条件にかわいくて、おとなしい存在？いやいや、そんな子ばかりではないですよ。とても臆病で、人に触られるのを極端に嫌う子もたくさんいます。ウサギが不快に思うアプローチをすれば、時として鋭い前歯で噛みついてくることもあり、後ろ足の力だって、なめてはいけません。ウサギの骨はもろく、誤って落とせば簡単に骨折してしまいます。

相手の気持ちも考えずに「ウサギなんてただ普通にだっこすればいいんだよ」と身勝手な愛情をぶつけるのではなく、目の前の子の反応をキチンと見極めるべきでしょう。

ロップイヤー

一般的な持ちかた

飼い主さんやペットショップではこう持つ。お腹を密着させるように持つと安心してほぼ暴れなくなるけど……。

Approach 手順

1. まずは耳の後ろのやわらかい皮膚をつまみ上げ
2. 下から後ろ足の付け根あたりを手で支えたら
3. 安全な場所に運び

……。

後ろから抱きしめる

背中に手を添え、尻の下から支えるように持ち、自分のお腹とウサギのお腹を密着させるようにして持つのが一般的ですが、もしも暴れ出したら後ろ足のキック力は半端ないですから、最悪の状況も想定して、獣医師はその逆、背中から抱きます。わきの下から胸の辺りをおさえて尻の下を持つのが基本。これならもしも暴れてキックを繰り出しても空振りですから、治療中でも大きな影響はないって寸法です。

4 体勢を整えて完成

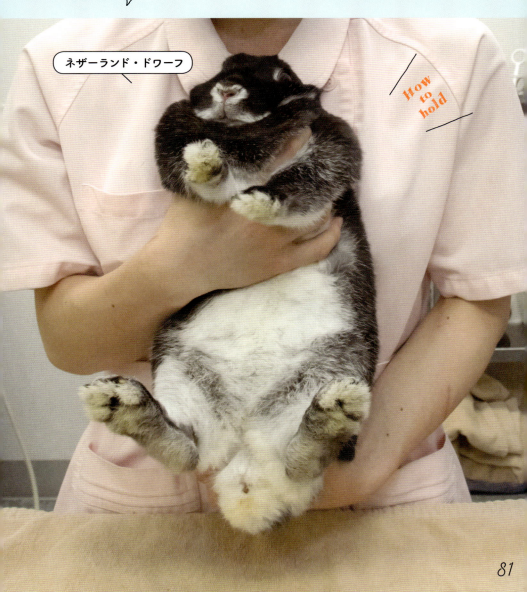

ネザーランド・ドワーフ

How to hold

セキセイインコ

野球でストレートを投げるように

ペットどうぶつ

How to hold

首の横を挟み
全身をホールド

DATA
体長 18-23cm
性格 人によくなついてオシャベリも得意。メスは卵が詰まりやすいので注意

ストレート？

鳥かごに手を入れたとき多少でも暴れるようなら手を入れたままの状態で少し間を置き、鳥のスキを見て、羽をたたんだ状態のときを狙って、すっと後ろかつかみます。このとき手の形はあらかじめ野球でストレートを投げるときのような形に準備しておきます。人差し指と中指の間で首を固定すればもう無駄な抵抗はしないでしょう。

セキセイインコや文鳥などの小鳥は骨も細くて軽くできているから、持ちかたを間違えると大変なケガをさせてしまうこともあるので、小さいうちからちゃんと慣らして手のりにしておく必要があるでしょう。でも室内で飛んで戻ってきてくれないときや、さて「獣医さんに行こうね〜」なんて言うときのためにも、この持ちかたを知っておいて損はないでしょう。

獣医師ならではの持ちかたアレンジ

おさえる。この指がコツ

3点持ち
治療のときに頭を固定する持ちかた

羽の広げ持ち
診察のとき羽の表も裏も隈なくチェック

鳥は骨が細いので慎重に！

オオコノハズク

生まれたての赤ちゃんみたいにやさしく

僕はペットで人気の
アフリカオオコノハズク

ペットどうぶつ

DATA
体長　20-30㎝
性格　夜行性で闇に隠れて生きています。どこか街中で見つけたら、専門家のところへ

最近は、森を壊しての宅地造成などで、コノハズクの姿も少なくなってきています。しかし、そんな人間社会の中でもたくましく生きている個体もいます。ときどき獲物を追って、そのままビルのガラスに激突してしまうこともある日、意外なところでコノハズクが傷ついてうずくまっているかもしれません。そんなときには、正しい持ちかたをしないと、大きなストレスをかけることになりかねません。そこで、正しいコノハズクの持ちかたを習得しておけば、万が一の際には、その命を救えることだってあるかもしれない。

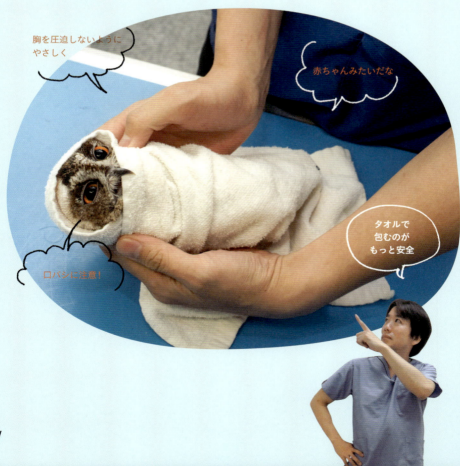

胸を圧迫しないようにやさしく

赤ちゃんみたいだな

口バシに注意！

タオルで包むのがもっと安全

How to hold

首を後ろから
支えるように
しっかり持つ

まずは
安心させてあげる

野生生物が人にさわられるというのは、それだけで相当なストレスで、無理をすればショック死しかねない特殊な状況なんです。そんなデリケートな野生生物を扱うには、まず安心させてやることです。最もいいのはタオルで後ろから首と足を軽くおさえて持ち、赤ん坊でも扱うように、こうして包んであげるんです。そして落ち着いたところで必要に応じてタオルをほどくように部分的に体をチェックします。

治療医でタオルを
外す時は両足を
しっかりおさえる

プレーリードッグ

下にタオルを敷いて、逃走に対応する

ペットどうぶつ

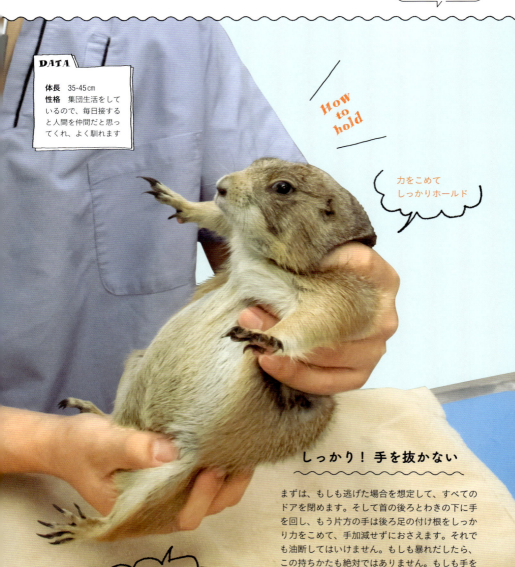

DATA
体長　35-45cm
性格　集団生活をしているので、毎日接すると人間を仲間だと思ってくれ、よく馴れます

How to hold

力をこめて
しっかりホールド

お尻を支えるように
手を添え、もし暴れたら
しっかりおさえる

しっかり！ 手を抜かない

まずは、もしも逃げた場合を想定して、すべてのドアを閉めます。そして首の後ろとわきの下に手を回し、もう片方の手は後ろ足の付け根をしっかり力をこめて、手加減せずにおさえます。それでも油断してはいけません。もしも暴れだしたら、この持ちかたも絶対ではありません。もしも手をすり抜けてしまった場合のために、下にタオルを敷いておきましょう。手でおさえつけられないと判断したら、素早くタオルで包むのです。

強 靭な前歯と鋭い爪を持ち、めちゃめちゃやんちゃ。本当に扱いが難しい動物だ。でも猫やフェレット以上に自分勝手で野性味あふれる性格と、実は人なつっこく甘ったれで、飼い主にはよく慣れる。そんなツンデレな部分もあって、ペットとしては絶大な人気を誇るのです！

今は輸入されていないとはいえ、過去にこれだけの数がペットとして流通し、今でも国内での繁殖個体が売られているのだから、隣のペット「プレくん」が、我が家に侵入！ なんてこともあり得ない話じゃないでしょ。もしも自分の部屋にこんな暴れん坊が侵入してきたら、早く捕獲しないと部屋をめちゃめちゃにされてしまうかもしれません。

そのためにも会得しよう、この持ちかたを。

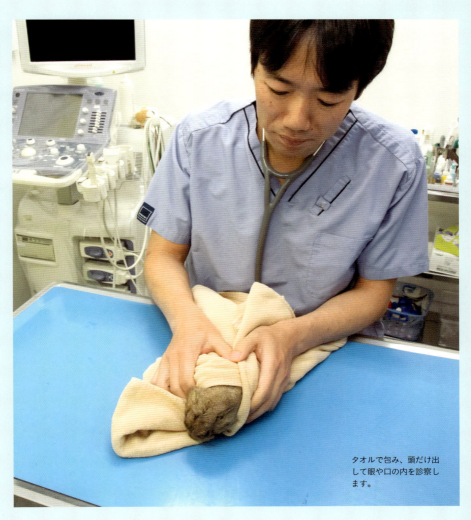

タオルで包み、頭だけ出して眼や口の内を診察します。

ハリネズミ

革手袋を忘れないで！ 素手はやっぱりやめておいて

ペットどうぶつ

キャラクターとしても、かわいいペットとしても愛され、動物園でも大人気！ だったのだけど……。一部の種類では特定外来生物としても有名になってしまったハリネズミ。そう！ 神奈川県の一部などでは、ハリネズミが野生化しているのです。でもまあ、それだけ出会う機会が増えたとも言えなくもないので、もしも出会ったらどうする？

DATA

体長 15-25cm
性格 臆病者だけど、慣れるとカワイイ瞳で見つめてくれます。虫が大好物

How to hold

飼育ケースの移動などのときは
革手袋を使いますよ。
がんばれば素手で持てないわけじゃないけど
そこで意地を張って落としたりしても
いけないですからね。
背中から持ってひっくり返すように
仰向けに手のひらにのせます。

驚き抵抗すると
針が立って刺さる
ようになっている

※特定外来生物に指定されており、運搬などが禁止されているので野生個体を捕まえて持ち帰ったり飼育してはいけません。

Column いろいろな爪切り

生きものを飼育していて案外困るのが「爪切り」です。
自宅などで飼い主さんが行おうとすれば、いやなことをさせられると思って、
当然逃げ出しますし、飼い主さんもついつい手加減してしまいますからね〜。
そこで獣医師の出番です。どんな生きものの爪でも、知恵を絞って切りますよ。

ウサギ　基本の切り方

ウサギはできれば体をおさえる係と切る係の2人で行うと安全です。切る人の側にお腹を見せる形で抱きます。

1人バージョン

2人のときと同じ姿勢で1人で行います。おとなしい子ならこの方法も。

暴れる子バージョン

嫌がって暴れる子は大きなタオルで包み足を出す形で行います。抜け出せないように頭とお尻側をしっかり包みましょう。

プレーリードッグの場合

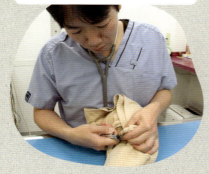

暴れることは間違いないのでタオルでしっかり包んで足だけを出す形で行います。これなら噛まれることもありません。

フェレットの場合

首根っこを持ったまま慎重に行います。フェレットの場合は診察も爪切りもこのほうがおとなしくしてくれて安全です。

フクロモモンガの場合

爪が出るくらいの洗濯ネットに入れて後ろから持って網から爪を出すようにして切ります。リスなどにも有効な爪の切り方です。

カメの場合

前足を出した状態でおさえてもらって、切ります。案外カメの爪も伸びちゃうので気になったら切ってあげましょう。

ハリネズミの場合

もう完全におさえつけられないので網の上に置き、ハミ出た爪を切ります。爪を切られていることすら気づいていないかも！

Column これが俺の真骨頂 ホールド魂

基本的には正しい持ちかたで対応できますが、治療のためにはおさえつけなければいけない場面にぶつかります。生きものの大きさや骨の弱さ、体調など、いろいろなことを考慮した方法です。

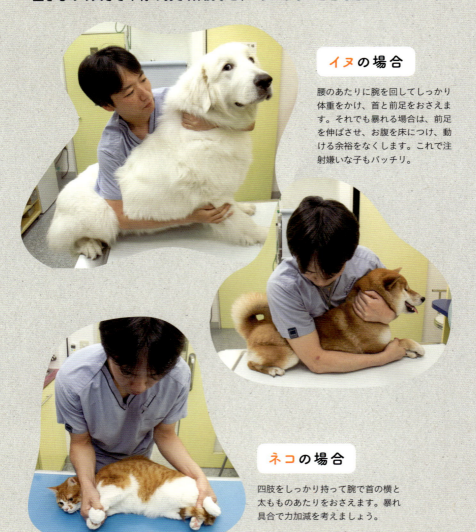

イヌの場合

腰のあたりに腕を回してしっかり体重をかけ、首と前足をおさえます。それでも暴れる場合は、前足を伸ばさせ、お腹を床につけ、動ける余裕をなくします。これで注射嫌いな子もバッチリ。

ネコの場合

四肢をしっかり持って腕で首の横と太もものあたりをおさえます。暴れ具合で力加減を考えましょう。

は虫(ちゅう)類専門店オーナー 山田はこう持つ！

は虫類の多くは野生個体、
つまり人慣れなんてしてないんだよ。
でも、ペットとして売る以上は、
持てなくちゃいけないのは当たり前。
だから持つためには、まずは種としての知識を
しっかりと持つこと。
今の生物の状況を見極めること。
だって大切な商品だから傷つけるわけにはいかないし、
俺だってケガしたくはないからな。

Profile
山田和久

は虫類専門店のオーナー。は虫両生類のなかでもとりわけ大きくて危険な生体を持つのが大の得意である。お店で販売している生体はすべて持つということをモットーとしている。

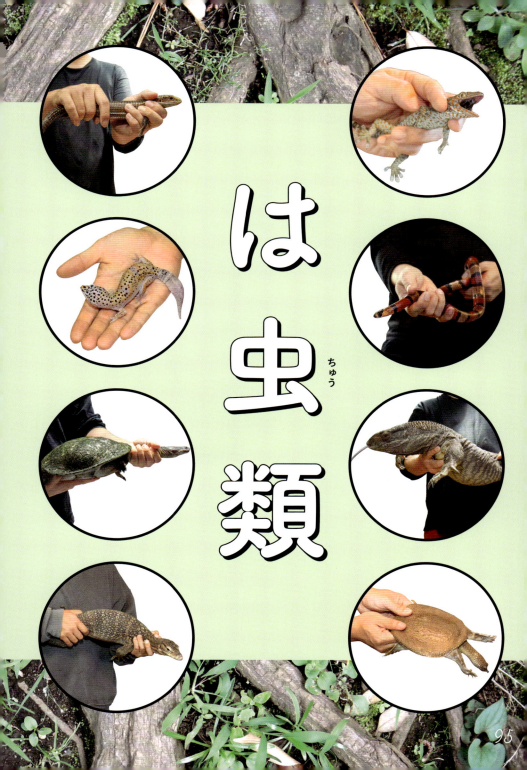

は虫類

オオトカゲ

歯が鋭いし、気性も荒いから気が抜けない！

は虫類

大きなものでは2メートルを超えるオオトカゲ、男の子なら誰でも憧れる生きものだ。飼ってみたいと思っている人も多いだろう。力も強く、動きはアグレッシブ。怒ればシッポを振り回し、飛びかかってくることさえある。危険だ……。

一番注意しなきゃいけないのが口。毒は持ってないけど歯が鋭くてズタズタに切り裂かれるし、口のなかにはバイ菌がいっぱいだから、ただではすまない。

次は爪。大きな体で木も登るんだから爪が鋭いのはわかるだろ。肉を切り裂かれるぞ。

最後にシッポ、長いシッポはまるでムチ、ミミズ腫れくらいですめばいいけど……。半端な気持ちで挑めば大変なことになるのは目に見えている。さあ、持ちかたをしっかりマスターしよう！

シッポをムチのように振り回すので注意！

細かく鋭い歯が並び、噛まれると非常に危険

爪が鋭く肉をえぐられるので気をつけて！

ミズオオトカゲ

DATA
体長 140〜250cm
よくいる場所 東南アジアの池や河川の近くなど（人のいるところにも出現）
生態 哺乳類、鳥類、魚類、エビやカニなどなんでも食べる。人にもよく馴れる。本種はメス1匹でも繁殖する単為生殖を行う

Approach 手順

1. 真上から両手で同時に
2. ガッツリつかむ
3. しっかりおさえたら
4. 持ち上げてシッポをわきにはさむ

How to hold

イワオオトカゲ

DATA
体長 150〜200cm
よくいる場所 アフリカ大陸南部の乾いた草原や岩場
生態 鳥類や哺乳類をよく食べる。本種は甘ったるい独特の匂いを持つ。現地では寒いと休眠するらしいので飼育下では寒さにめっぽう弱い

おとなしい個体

たとえおとなしくても、いつ牙を向くかわからないから気をつけるところは一緒。気性の荒い場合と同じで首と前足、シッポの付け根と後ろ足を持つ。ここの基本姿勢さえ守っておけば素早くおさえこめる。まあ噛まれたらヤバいから特に首をおさえておくのが重要。

凶暴な個体

持つ側も持たれる側も、双方の安全を確保するためにも、気性の荒い個体はしっかりおさえこむ必要がある。まずは噛みつかれたり引っ掻かれたりしないように、前足と首、と同時に後ろ足とシッポの付け根をしっかりつかんだら、シッポを振り回してたたかれないようにわきにはさむのが基本。一瞬で、この姿勢まで持ちこまないとケガするぞ。

How to hold

腰のあたりをおさえつつ、シッポはわきにはさむ

首をしっかりホールド！

中型のトカゲ

中型でもパワフルであきらめないヤツ！

(は虫類)

オ オトカゲが持てれば中型なんてラクチンと思ったら大間違い。オオトカゲとはまったく勝手が違うから油断してはいけない。たとえ中型でもアゴの力は強く、歯も鋭く細かいので、噛まれたときのリスクは同じ。噛まれてグルリンとドリルのように回転されたら、肉を持っていかれちゃうぞ！

How to hold

オニプレートトカゲ

気を抜いたらドリル回転！油断は禁物!!

手加減禁止の中型トカゲ

気性の荒い中型のトカゲはとんでもなく持ちにくいよ。あまり爪に気をつけることはないけど、とにかく噛みついてくる。そしてあきらめない……。やたらとスタミナがあって、なかなかあきらめないんだよ。だからしっかりと首回りとシッポの付け根をおさえて、あきらめさせてやる必要があるんだ。手加減しちゃダメ。

DATA
体長　40〜50cm
よくいる場所　アフリカ大陸の乾いたサバンナの岩場付近
生態　現地ではアリ塚などにも生息しておりコオロギなど昆虫をよく食べる。温度変化や湿度変化にも強く、人にもよく馴れるので飼育しやすい

中型のイグアナ

How to hold

持ちかたは一緒、中型のイグアナは噛まれるのと同じくらい、爪に気をつけることがコツかな。しっかりおさえちゃえばあきらめがいいから、握りすぎなくて大丈夫。力加減は経験しないと難しいかな。

キューバイワイグアナ

DATA

体長 100〜120㎝
よくいる場所 キューバの日当たりのよい様々な所
生態 外見とはうらはらに果物や植物を好んで食べる草食性で人にもよく馴れる。もっとも絶滅の恐れのある動物の一種で厳重に保護されており、海外では繁殖も盛んに行われている

ヒョウモントカゲモドキ

そっと手にのせて、親指をそえる　　　　は虫類

エリマキトカゲなど過去にも話題になったトカゲはいたが、飼うということにおいて、これだけ市民権を得たトカゲがいただろうか？　そう、ヒョウモントカゲモドキのことだ。

タレントさんから子どもまで、老若男女飼育している層は幅広く、電車や喫茶店で隣の女子がこの話をしていたり！　空港で子どもが「この子は手荷物で入っていいですか」って相談していたり、もう昭和生まれの人間にとっては驚きの連続だ。

さあは虫類男子諸君。モテる（持てる）チャンス到来だよ。持つまでのアプローチや扱いかたまでしっかりマスターしておこう。

DATA

体長　20〜30cm
よくいる場所　中近東の砂漠や荒野などの乾燥地帯
生態　野生個体の流通はほとんどなく日本国内で見ることができる個体はほとんどが養殖された個体である。繁殖も容易で昆虫やは虫類用の人工飼料も食べるので古くからペットして飼育されている

Approach 手順

1. 両手で幅を狭めて
2. 手にのせる
3. これだけ

How to hold

あくまでもやさしく

ヒョウモントカゲモドキはちゃんとどう持つかっていったら、実は結構持ちにくいんだよ。暴れるからっておさえつけちゃうとシッポ切っちゃうこともあるし、意外と噛んでくる個体もいるし。だからそっと手にのせて親指をそえてやる感じかな？ あくまでもやさしく。

トッケイヤモリ

「トッケイ！」と鳴く、ド派手で危険なヤツ！

は虫類

東 南アジアへ旅行中、ロッジの部屋に夜な夜な変な声が響き渡る……。怖いな〜怖いな〜いやだな〜いやだな〜と思いながらも勇気を振り絞って電気をつけたら……びっくり!!! でっかくて派手なヤモリがベタッと張りついているではないか!!! 怯えて声にならない嫁……泣き叫ぶ娘たち……。ここで勝負を決めなきゃ男がすたるぞ、どうする俺。いいロッジをとったのに〜ここ高かったのに〜！

さあ、こんなときのためにもマスターしておこう、この持ちかたを。

指でアゴの両脇をおさえる

How to hold

DATA
体長 25〜35cm
よくいる場所 東南アジアの民家やその周辺など
生態 オスが大きな声で「トッケイ！」と鳴くことがそのまま種名に由来している。インドネシアでは幸運の生きものとされている。コオロギや昆虫を食べるが意外と飼育は難しい

approach
手順

1. まあ挨拶のように怒るけど
2. 隙をみせたらベチンとおさえつけ
3. 持ち替えて
4. 持ち上げる

噛まれた！

勝つか負けるか

トッケイヤモリは大きいと30cmくらいになる凶暴なヤモリ。何頭も見てきてるけど、おとなしい個体に出会ったことがないね。いつも口をパッカーンと開けて、でっかい声で威嚇してくる。ヤモリだから当然シッポは切れることがあるけど、こいつとはやるかやられるかの勝負だから、手のひらで全身めがけてベチンっていって、ガッてアゴの後ろをはさんで、体全体をギュッてつかんじゃうといいよ。シッポそのものをつかまなければ、意外と切れないから大丈夫。

中型で無毒のヘビ

だいたい噛む！　たぶん噛む！　毒はないけどね

> は虫類

ヘビが嫌いな人ほど、ヘビを見つけやすいのは、警戒してヘビがいそうなポイントについつい目が行ってしまうから。それは人間の持つすばらしいセキュリティー能力でもある。だってそうして事前に見つければ回避するのはたやすいからだ。でも、もしも油断して歩いていて踏んでしまったら！　木の上にいてそこをくぐらなければ先に進めないときはどうする!?　そんなときのためにも、いろいろなヘビの持ちかたを知っておいても悪くないだろう。

1. 頭を狙い
2. ガッとはさむ
3. そのまままひっぱがす
4. 頭はこう

グリーンパイソン

How to hold

DATA
体長　120〜180㎝
よくいる場所　インドネシアやニューギニアの熱帯雨林の樹上
生態　1日のほとんどを木の上でとぐろを巻いてじっと過ごしている。哺乳類やとくに鳥類を好んで食べる。神経質で人を噛む個体が多い。樹上性のヘビは地上性のヘビよりも牙が長いので噛まれると痛い

流血必至 グリーンパイソン

グリーンパイソンなど樹上性のボア・パイソンはまあ間違いなく噛むと思っていい。毒こそないけど歯が長めなので噛まれると結構血が出ちゃう。お客さんの前での流血はまずいでしょ〜。だから、まずおさえなきゃいけないのは頭。アゴの横と頭の上に指を添える3角持ちでしっかり噛まれないように持ったら、少しだけ腕に巻くようにして安定させると暴れない。放すときは巻いているほうからほどいて頭は最後。

絶対に噛む
ナミヘビ、アカマタ

よくテレビとかでリアクション芸人が噛まれて大騒ぎしている番組あるだろ。あれは大概このアカマタだよ。沖縄とか奄美大島にすんでいるヘビだけどとにかく気が強くて間違いなく噛んでくる。これも頭を押さえ込んで体の後ろ半分くらいのところを支える感じで持つといいよ。

アカマタ

How to hold

DATA

体長 90〜140cm
よくいる場所 日本の沖縄諸島や奄美諸島の森林や田畑などのいたるところ。
生態 は虫類や哺乳類や鳥類、さらにはその死体や卵までも食べる。気性が荒く、持つと必ず噛んでくるイヤなヤツ

1 攻撃態勢のアカマタ

Approach
手順

2 タイミング間違えて噛まれた!

3 今度こそタイミングをあわせて

4 頭をベシっておさえこみ

5 アゴの両サイドをしっかりおさえる

噛まれてもこれぐらい

ミルクヘビ

How to hold

噛まないナミヘビ

ヘビはみんな噛むと思っている人が多いけど、そんなことはなくて、こんな感じにヘビの体下半分くらいのところをそっと支えるように軽くつかんで、腕に尾をからめるようにして持つ。頭から体半分くらいまでは自由にさせつつ、行く方向だけコントロールしてやる感じ。無理に頭をおさえたり無理につかめば噛まれちゃうかもしれないから、気をつけたほうがいいよ。

DATA

体長 50〜190cm
よくいる場所 アメリカから南米にかけての森林
生態 体の色や模様は猛毒をもつサンゴヘビに擬態している。アメリカでは古くからペットして飼育されており養殖も盛んである

アシナシトカゲ

ヘビみたいなトカゲ、ドリル回転して逃げるぞ！

は虫類

DATA
体長　100〜120cm
よくいる場所　ヨーロッパやロシアなどの乾燥した所
生態　四肢が全くなく、ヘビみたいだが、れっきとしたトカゲの仲間。寿命が40年以上といわれる長寿なトカゲ

　これは何者だ！　やけに男前で凛々しいけど足がない……ヘビか？　妖怪か？　こんな生きものがふと目の前に現れたら誰でも正体を知りたいと思うでしょ。まあこの得体の知れない容姿の生きものをつかまえるには、ヘビよりもトカゲよりも度胸がいるけどやるしかないでしょう。まずは、トカゲみたいに足の付け根を……って足がないし！じゃあヘビみたいに腕に絡ませて……って体が固くて巻かないし！
　そんなときこそこの持ちかたで解決！

ヨーロッパアシナシトカゲ

やけに二枚目

暴れる個体か
見極めが肝心

ちょうどいい力加減

まあ簡単にいっちゃえば中型のスキンクと一緒で、首を曲げて噛んでこないように首のあたりと、後ろ足がはえているだろうあたりをしっかりつかむ感じでいいんだけど、そこは足なし……ドリルみたいに回転して抵抗するから厄介なんだ。ドリル回転をはじめちゃったら噛まれないように手の位置だけ気をつけながら、少し握る力を緩めて勝手に回転させておくんだよ。あきらめないけど、こっちがあきらめたら負けだからな。

ナガクビガメ

首が長いから、どこからでも噛んでくるぞ！

は虫類

この長〜い首のカメ、普通の人から見たらなんて不気味な生きものなんだとお思いだろうが、カメマニアからは絶大な人気を誇る高価なカメ。1匹数百万なんていう種類もいる。高価と聞いて少し興味を持った人もいるかな？ さあこの高価なカメは、意外と噛むし、暴れん坊なんだけど。もし見つけたらどう持つ？

ジーベンロックナガクビガメ

長い首を水面から出して呼吸

甲羅と腹甲の間のここに首をしまう

DATA

体長 25〜35cm
よくいる場所 インドネシアやニューギニアやオーストラリアの河川や沼地
生態 よく泳いで魚類やエビやカニなどを食べる。日本に生息しているカメと違い、甲羅に首を引っこめることができない。オセアニア地域のみに生息する曲頚類の一種

\\ How to hold /

水中暮らしなので
甲羅はコケだらけ

後ろ足の
付け根を持つ

後ろ足の付け根に
しっかり指を
食いこませて
腹甲をおさえるのが
コツ

やっぱりここでしょ

普通カメは甲羅の横を持てばいいんだけど、こいつはダメ。見ての通り首が長いから、どこからでも噛むことができちゃうからね。それなら甲羅の後ろを持てばいいんだけど、キック力が半端なくて爪も長いから、かなり痛い。そんなときは下から腹甲に手を添えて、首をガシッと握っちゃう。

スッポン

高価だから丁寧に、でも噛むよ！

は虫類

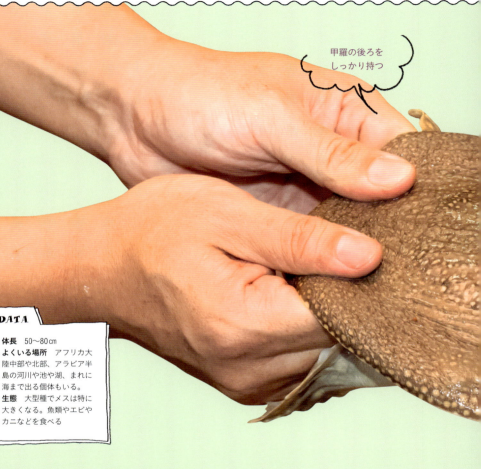

甲羅の後ろを
しっかり持つ

DATA

体長　50〜80cm
よくいる場所　アフリカ大陸中部や北部、アラビア半島の河川や池や湖、まれに海まで出る個体もいる。
生態　大型種でメスは特に大きくなる。魚類やエビやカニなどを食べる

「噛んだらカミナリが鳴るまで離さない」。不思議なほど万人に信じられている噂でおなじみのスッポン！ 動きがとても素早く、首がすごく長い。そして気が荒くてすぐに噛みついてくる。そのアゴの力はとても強力で、もし噛まれたら大変なケガをするのは間違いない。ちょっとした沼や公園の池などでも見かけることのあるスッポン。もしも出会ったら絶対に噛まれないように持たなきゃダメだ。まあぶら下げちゃったりしたら、なかなか離さないことはあるけど、カミナリが落ちるまで離さないってのは単なる噂で、足を床につけたり、水に入れてやれば、すんなり離すから安心してスッポンに挑めばいいさ。

絶対に噛まれちゃダメだ

ペットとしても人気が高いスッポンの扱いはとても気を使うよ。だって、もしヘマして噛まれたって、お客さんの前で床に叩きつけるわけにもいかないし、すごく高価なのとか、落とすわけにはいかないからね。だから絶対に噛まれちゃいけないんだよ。普通は甲羅の後ろを両手でしっかり持つ。でもこれも暴れられたらマズから、後ろ足の付け根に指を突っこむようにして腹甲を持っちゃう。

後ろ足の付け根に指を突っこみ腹甲をおさえる

ナイルスッポン

小さくても噛まれたら大変!

Column 応用編 危険生物！

いろいろな生きものの持ちかたを学んできたら、
自分の力を試したくなったのではないだろうか？
これまでの技術を応用すれば、持てない生きものはいないさ。
でも絶対に試しちゃいけない生きものがいる。
それが毒ヘビや大ヘビそれにワニ……といった危険生物たちだ。
まあそうそう道で出会う生きものではないが、もしもの時のために。
この危険生物の持ちかたを伊豆の動物園iZoo(イズー)で実践させてもらった。
なかでも危険度の高いものは、日本一危険生物を扱ってきたであろう、
白輪(しらわ)園長に協力してもらったぞ！

デカくて素早い
スッポン

スッポンは小さい個体（種類）だけじゃないよ。デカくなればなるだけ噛む力も増すし、水中での素早さは変わらないから危険度が増すんだ。このサイズになると、もしも噛まれたら骨までいっちゃうだろうね。だから、とにかく噛まれないように後ろに回りこんで後ろ足をガッとつかむ。そのままグイッと持ち上げるんだけど、足を噛まれないように注意だ。

すごくかっこいいのが仇(あだ)に
ワニガメ

ペットとして飼われていたのが逃げ出したり、飼いきれなくなって逃がしたりで、カミツキガメと並んで一時期すごく話題になったワニガメ。あまりのかっこよさで人気があったので大量に飼われていて、それが仇になった……。かなり気が荒くて目の前で動くものにはスパンと噛みつき、攻撃が飛んでくるから、噛まれないように後方から近づき首の上の部分の甲羅と甲羅の後ろをガシッとつかんで、頭を前に向けるようにして持ち上げる。こうしちゃえば、いくら噛もうとしてもその攻撃は届かないぜ。

いくらMっ気があっても大ヘビはNG

大ヘビは1人で扱ってはダメ！本人（ヘビ）にその気（食べる気）がなくても、もしも巻きつかれたら1人で抜け出すのは困難。もともと獲物を絞め殺して飲みこむ奴らだから、もがけばもがくほど締めつけてくる。いくらMっ気があっても1人では危険だよ。絶対に2人以上で扱うべきなんだ。1人はシッポをしっかり持って、もう1人は頭を持ち行動をコントロールする。気まぐれで噛んできたりしないように頭をおさえちゃったほうが無難。もう少し小さければ1人で持つこともできるけど、絶対に近くに待機してもらわないと危ないよ。2人いれば首に巻くなんて悪趣味なこともできるしね。

マフラーみたい？

絶対に噛むと思って！アナコンダ

白輪園長

アナコンダに噛まれて、つい引き抜こうもんならズタズタになってすごく痛いから嫌なんだよね。アナコンダはまあ絶対に噛むと思って間違いないから、すぐに首をぐっと締め上げるといいよ。もちろん息ができるように、少し余裕を持たせているのは当たり前だけどね。つるつるで滑りやすいから、革手袋が有効だよ。噛まれたときも、少しは防げるしね。あとはそのまま持ち上げるだけ。

スネークフック

毒ヘビは3角持ち

いろいろな種類の毒ヘビがいるけど基本は一緒。アゴの後ろに親指と中指を添えて首を振れないようにし、頭も指でおさえるこの3角持ちさえ決まれば噛まれない。頭をおさえちゃえば、あとはシッポや体をスネークフックにからめるようにして安定させれば、そんなに暴れないよ。

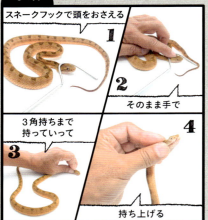

Approach 手順

1. スネークフックで頭をおさえる
2. そのまま手で
3. 3角持ちまで持っていって
4. 持ち上げる

ドクハキコブラは毒を飛ばすのでゴーグルで目も守る

ガラガラヘビは威嚇音が怖いけど持ちかたは一緒

ドクトカゲはけっこう熱い奴

ヘビだけじゃない！ 毒を持つトカゲもいるよ。持ちかたは他のトカゲと同じで、やはり頭とシッポの付け根をおさえる。太陽を浴びて体がちんちんにあったまっている奴はかなりアグレッシブなので。もしものことを想定して、飼育員は頭を持つほうの手だけ革手袋を使うようにしてるよ。

ワニのパワーは半端ない

小さいものは首とシッポの付け根をおさえれば、普通にトカゲみたいに持てるけど、大きいのはそうはいかないよ。力の強いシッポを警戒しつつ、頭を踏んづけて口を開けられないように輪ゴムをかけちゃうんだ。口を閉じる力は強いけど、開く力は弱いから、もうこれで噛まれる危険はないよ。あとはまたシッポに気をつけながら2人で持ち上げるだけ……。コツは絶対に手加減＆油断をしないことかな。まあ、このサイズのワニはあんまり持ち上げたりはしないけどね。

approach 手順

1. まずは首に輪っかをかけ
2. 引きずり出す
3. 噛まれないように頭を踏んづけて
4. 輪ゴムで口を閉じる
5. これで安心
6. 少しおとなしくなったところを
7. ぐいっと2人で持ち上げる

おわりに

　子どもの頃から生きものが大好きで、なんでも捕まえては飼育して、嚙まれて、刺されて、ケガをして、時に自分の無知から生きものを死なせてしまったりもして……。

　こうして生きものに興味を持ち、自らいろいろと経験してきた人間は、大人になっても、ついついそんな生きものがいる環境を意識してしまうものです。

　私のことです。

　今は、生きものや自然への教育が「保護」の観点から、「見守る」「大切にする」ということを優先させがちです。そうした情操教育により、一般的には生きものを捕まえて飼うのはいけない、という傾向にあるようです。

　実際に生きものを捕まえていると「コラッ!」と注意されることがあります。私有地や保護地区なら仕方ないかもしれないけど、それが近所の汚い水路でも、なんでもない河原でも、生きものを捕まえて持って帰ってはいけないと怒られるのです。

　こうして生きものは、捕まえてはいけないものとして、子どもたちの関心は、あっちに向いてきました。子どもたちがあっちを向いた結果が、生きものへの無知を生みます。

　本来、子どもたちの心は押しつけがましい大人のいうことなんかで動きません。失敗をして、怒られて、痛い思いをして、学ぶのです。人から教わったことよりも、自ら失敗をして学んだこと

のほうが、身につき、真の意味を理解するものです。
　私は、生きものをただ見守るというのは、無関心に等しいと思うのです。生きものを守るということだけを理想高く伝えるのではなく、私は生きものが目の前に現れたら、スマートに捕まえて、それを子どもに見せます。
「生きものはこうやって持つといいよ」
「こう持つと生きものは弱ってしまうよ」
「こう持つと指をはさまれて痛い目にあうよ」
「この生きものを飼って観察してみよう」
「飼育が難しかったら逃がしてあげようね」
　こんなふうに教えるのと同時に、野外活動で生きものたちにふれ、ともに時間を過ごし、キャンプやバーベキューで野外を汚したら綺麗に片づけて帰ろうねと言います。
　そんな当たり前のことを、スマートに話せるクールな大人が増えてほしいと願ってやみません。生きものの持ちかたを知るとは、そうしたクールな大人を育てることでもあると思うのです。
　さあ、生きものを持って、素敵な大人を目指そうではありませんか！

生きものカメラマン　松橋利光

この本に登場する生きものたち

ア

- アオスジアゲハ ･･･････････････ 25
- アオダイショウ ･･･････････････ 38
- アカマタ ･････････････････････ 106
- アクティオンゾウカブト ･･･････ 51
- アズマヒキガエル ･････････････ 34
- アフリカオオコノハズク ･･･････ 84
- アメリカザリガニ ･････････････ 28
- アルケスツヤクワガタ ･････････ 52
- イワオオトカゲ ･･･････････････ 97
- ウスバキトンボ ･･･････････････ 23
- エンマコオロギ ･･･････････････ 20
- オオコノハズク ･･･････････････ 84
- オカガニ ･････････････････････ 31
- オオクワガタ ･････････････････ 15
- オニプレートトカゲ ･･･････････ 98
- オニヤンマ ･･･････････････････ 23

カ

- カブトムシ ･･･････････････････ 12
- カミキリムシ ･････････････････ 16
- カラスアゲハ ･････････････････ 25
- キアゲハ ･････････････････････ 24
- キューバイワイグアナ ･････････ 99
- ギラファノコギリクワガタ ･････ 53
- クビキリギリス ･･･････････････ 20

グリーンパイソン ……………… 105

グレート・ピレニーズ ………… 74

クロススジギンヤンマ ………… 22

コーカサスオオカブト ………… 50

ゴールデンハムスター ………… 62

コノシメトンボ ………………… 23

ショウリョウバッタ …………… 18

セキセイインコ ………………… 82

サ

サワガニ ………………………… 31

柴犬 ……………………………… 75

ジーベンロックナガクビガメ … 110

シマリス ………………………… 58

ジャンガリアンハムスター …… 63

タ

ダイオウサソリ ………………… 47

タイコウチ ……………………… 27

タガメ …………………………… 26

チャコウラナメクジ …………… 33

チョウセンカマキリ …………… 21

チンチラ ………………………… 56

ツチガエル ……………………… 35

ディディエールシカクワガタ … 52

トウキョウダルマガエル ……… 35

121

トッケイヤモリ ……………… 102

ナイルスッポン ……………… 112
ナミアゲハ ……………… 24
ニホンアマガエル …………… 35
ニホンカナヘビ ……………… 37
ニホンザリガニ ……………… 29
ニホンネコ ……………… 76
ニホンヤモリ ……………… 36
ニワトリ ……………… 66
ネザーランド・ドワーフ ……… 81
ノコギリクワガタ …………… 14

ハラビロトンボ ……………… 22
パラワンオオヒラタクワガタ …… 53
ハリネズミ ……………… 88
パンダマウス ……………… 64
ヒガシキリギリス …………… 19
ヒガシニホントカゲ ………… 37
ヒョウモントカゲモドキ ……… 100
フクロモモンガ ……………… 60
フェレット ……………… 78
プレーリードッグ …………… 86
ヘラクレスリッキー ………… 50
ベニシジミ ……………… 25

この本に登場する生きものたち

- ベニツケガニ …………………… 30

マ

- マダガスカルオオゴキブリ …… 55
- マツモムシ ……………………… 26
- マドラスフォレストスコーピオン 46
- ミズオオトカゲ ………………… 96
- ミズカマキリ …………………… 27
- ミスジマイマイ ………………… 32
- ミニチュア・ダックスフント …… 75
- ミルクヘビ …………………… 107
- モートンイトトンボ …………… 23
- モンシロチョウ ………………… 25

ヤ

- ヤシガニ ………………………… 30
- ヤマカガシ ……………………… 39
- ヤエヤママルヤスデ …………… 54
- ヤエヤママダラゴキブリ ……… 55
- ヨーロッパアシナシトカゲ …… 108

ラ

- ロップイヤー …………………… 80
- ローズヘアータランチュラ …… 48

その道のプロたちのお店、動物病院、動物園

後藤さんのお店

蛙葉堂（けいようどう）

〒252-0104　神奈川県相模原市緑区向原3-9-7
TEL　042-783-1081
カインズホーム城山店　ペッツワン　アクア小動物コーナーはじめ
ホームセンターのペットコーナーなど多数のお店を運営
ホームページ　http://ameblo.jp/ keiyoudou/

田向さんの動物病院

田園調布動物病院

〒145-0071　東京都大田区田園調布2-1-3
TEL　03-5483-7676　　**FAX**　03-5483-7656
受付時間　9:00～12:15　16:00～19:15
休診日　木曜日
ホームページ　http://www5f.biglobe.ne.jp/～dec-ah/

山田さんのお店

TOKO CAMPUR（トコチャンプル）

〒243-0014　神奈川県厚木市旭町1-20-13アオキコーポ1F
TEL & FAX　046-227-2233
営業時間　12:00～22:00
定休日　月曜日
ホームページ　http://www.asiajp.net

特別協力

見て！触れて！驚く！
体感型動物園 iZoo（イズー）

日本最大の両生類爬虫類の動物園。今までどの施設でもできなかった見学の仕方、「展示生物の多くに触れることができる」を実現した、体感型動物園として注目を浴びる。

〒413-0513
静岡県賀茂郡河津町浜406-2
TEL　0558-34-0003
ホームページ
http://www.izoo.co.jp/

Profile

松橋利光 ●まつはし・としみつ

　水族館勤務ののち、生きものカメラマンに転身。水辺の生きものなどの野生生物や水族館、動物園の生きもの、変わったペット動物などを撮影し主に児童書を作っている。

　子どもが生きものに触れ合う機会を作ろうと地元博物館などで、生きもの持ちかた教室なども開催している。

　主な著書に『もってみよう』(小学館)、『日本のカエル＋サンショウオ類』(山と渓谷社)、『てのひらかいじゅう』(そうえん社)、『飼育員さんに聞こう！どうぶつのひみつ』(新日本出版社)、『ジンベエザメのはこびかた』(ほるぷ出版)、『どこにいるかな？』『にわのかいじゅうファイル』『へんないきものすいぞくかんナゾの1日』(アリス館)など多数ある。

ホームページ　http://www.matsu8.com

撮影協力

清水海渡、田村健治、加納真太、加納乙珠
常住直人、松苗秀美、早川里緒菜、清水 惟

その道の
プロに聞く

生きものの持ちかた

2015年 8月20日　第1刷発行
2019年 6月30日　第11刷発行

著者　────　松橋利光（まつはし　としみつ）

発行者　────　佐藤 靖
発行所　────　大和書房
　　　　　　　東京都文京区関口1-33-4
　　　　　　　電話03（3203）4511

ブックデザイン ──　若井夏澄
撮影　────　松橋利光

印刷　────　歩プロセス
製本　────　ナショナル製本

©2015 Toshimitsu Matsuhashi　Printed in Japan
ISBN978-4-479-39281-1
乱丁本・落丁本はお取り替えいたします
http://www.daiwashobo.co.jp